目標を達成する 7つの見える化技術

今里 健一郎 著

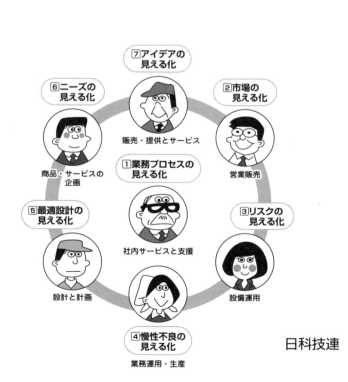

日科技連

はじめに

　企業のスタッフは、売上向上、新製品の開発、業務の効率化、生産ラインの生産性向上など、いろいろな目標に向かって活動を展開している。これらの目標を達成するには、立ちはだかる問題を一つひとつ解決していかなければならない。そのためには、対象となる業務プロセスや品質特性、市場構造、お客様ニーズを見える形にする必要がある。この潜在的要素を見える化するには、いろいろな道具を使うと可能になる。そこで本書は、企業のスタッフがこれらの問題に直面する場面を7つ想定し、問題ごとにその構造を見える化するプロセスと、手法の活用ノウハウをまとめたものである。

　営業、業務、技術などすべての部門に多くのデータがある。これらのデータには情報が隠れている。この隠れている情報を見える化できればという想いから、目的に合った7つの見える化技術にまとめた。

　本書で紹介する7つの見える化技術は、次のとおりである。

① 業務プロセスの見える化技術（事務・管理部門を対象とした業務効率化）
② 市場の見える化技術（営業・販売部門を対象とした販売力強化）
③ リスクの見える化技術（運用・技術部門を対象とした品質リスク対応）
④ 慢性不良の見える化技術（製造部門を対象とした再発防止）
⑤ 最適設計の見える化技術（設計・開発部門を対象とした最適条件の抽出）
⑥ ニーズの見える化技術（企画・営業部門を対象とした満足度構造解明）
⑦ アイデアの見える化技術（全部門を対象とした発想力強化）

　今、問題解決や課題達成に悩んでいるスタッフのみなさん、一度本書を読んで、自分が立ち向かっている内容に近い見える化技術を活用してみてほしい。今よりも一歩先に進み、いずれ目標を達成することができるはずである。

　本書の出版に際し、企画を強力に進めていただいた株式会社日科技連出版社

はじめに

の田中健社長、戸羽節文取締役ならびに石田新氏を始め、多くの方々のご尽力およびご意見をいただいたことにお礼申し上げる。さらに、本書を読んでいただいた方々からのご意見などを心待ちにする次第である。

2016年8月

今里　健一郎

目 次

はじめに　iii

第 1 章　見える化技術とは …………………………………… 1
1. 現物を見るといろいろなことがわかる　2
2. 図を書き計算するといろいろな情報が見えてくる　4
3. 手法を使うといろいろな情報が見えてくる　6
4. 仕事をよくするトリプルパワー　12
5. 問題に気づき、考え、行動することで目標を達成できる　14
6. 数値データをとることで一歩先が見えてくる　18
7. 目標を達成する 7 つの見える化技術　20

第 2 章　【見える化技術①】業務プロセスの見える化技術 ……… 23
1. 業務プロセスとプロセス改善　24
2. 業務の流れを見える化するプロセスマッピング　26
3. 作業の実態を見える化する工程分析シート　28
4. 事務の流れを見える化する DOA　30
5. 仕事のやり方を変えるプロセス改善　32
6. プロセス改善を進める BPR　36
7. 仕事の流れを見える化するアロー・ダイアグラム　39

第 3 章　【見える化技術②】市場の見える化技術 ………………… 43
1. 市場を見える化するステップ　44
2. 問題と原因の関係を見える化する連関図　46
3. 営業成績を見える化する相関と回帰　54

目　次

- **4** 相関関係を見える化する散布図　56
- **5** 相関の強さを数値で見える化する相関係数　62
- **6** 要因から結果を予測する回帰直線　66
- **7** 複数要因から結果を見える化する重回帰分析　72

第4章　【見える化技術③】リスクの見える化技術　…………… 77

- **1** 見えているリスクと見えないリスク　78
- **2** 隠れているリスクを見える化するリスク分析　80
- **3** 潜在的リスクを見える化する工程FMEA　82
- **4** リスクの重要度を見える化するリスクマトリックス　84
- **5** リスク対応を見える化するPDPC　86
- **6** 重大事象の原因を見える化するFTA　87
- **7** リスク回避を見える化するエラープルーフ化　88

第5章　【見える化技術④】慢性不良の見える化技術 …………… 91

- **1** 慢性不良を見える化するステップ　92
- **2** 鳥の目で重要な問題点を見える化する現状の把握　94
- **3** 具体的なものが見える化できる層別　98
- **4** 工程の状態を見える化するヒストグラム　101
- **5** 虫の目で原因を見える化する要因の解析　106
- **6** 原因を見える化するデータによる要因の検証　112
- **7** 2つの特性値の関係を見える化する散布図　116

第6章　【見える化技術⑤】最適設計の見える化技術 ……………119

- **1** 最適値を見える化する実験計画法　120
- **2** 品質特性の要因を見える化する特性要因図　122
- **3** 複数要因の効果を見える化する直交配列表実験計画の設計　124

4 最適値を見える化する直交配列表実験計画の解析　127
　5 ニーズの実現を見える化する品質機能展開　132
　6 最適コストを見える化する価値工学 VE　136
　7 信頼度を見える化する FMEA　138

第7章　【見える化技術⑥】ニーズの見える化技術　……………141
　1 ニーズを見える化するアンケート　142
　2 効果的なアンケート結果を見える化する実施法と解析法　144
　3 全体の姿や傾向を見える化するグラフ　146
　4 着眼点を見える化するクロス集計　148
　5 質問間の関係を見える化する相関分析　150
　6 複数要因から結果を見える化する重回帰分析　152
　7 重点改善項目を見える化するポートフォリオ分析　156

第8章　【見える化技術⑦】アイデアの見える化技術　……………159
　1 アイデアを見える化するアイデア発想法　160
　2 議論することでアイデアが見える化できる
　　　ブレーンストーミング法　162
　3 9つのチェック項目でアイデアを見える化できる
　　　発想チェックリスト法　164
　4 異質なものからアイデアを見える化できる焦点法　166
　5 否定することからアイデアを見える化できるアナロジー発想法　168
　6 販売実績から市場を見える化できるデータマイニング　170
　7 ベストプラクティスからアイデアを見える化できるベンチマーキング　172

目　次

参考文献　175
索　　引　176

コラム1　生活様式の変化が見える三種の神器　22
コラム2　窓から外を見ても世間は見えない　42
コラム3　3匹のアリが見たものは　76
コラム4　夜になると見える星　90
コラム5　「3」は大きいか？　小さいか？　118
コラム6　台に乗ればすべてが見渡せる駅　140
コラム7　鏡に映さないと見えない自分の顔　158
コラム8　レンズで小さなもの、遠くのものが見える　174

第1章

見える化技術とは

第1章　見える化技術とは

1 現物を見るといろいろなことがわかる

「見る」という字は、「目」に「足(ル)」がついている。自分の足で歩いて問題の発生している現場へ行き、現物を見て、現実を知ることで、問題の構造が見える化できる。「化」という字は、「化ける」ということである。自分の目で確かめた事実を測定することによって、データをとることができる。このデータを手法という道具を使って「加工する」ことによって、必要な情報を得ることができる(図1.1)。

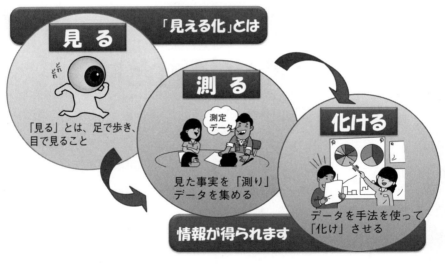

図1.1　見える化とは

「気づけばよくなる」。例えば、朝起きたとき、いつもと違う状態、ほんの少しでも体調不良を感じたとき、病院に行く。まず問診を行い、検査をする。結果から不調の原因をさがす。疲労なら休息を勧める、風邪なら風邪薬を出す、内臓疾患なら入院を勧めることによって健康な身体になる。

1 現物を見るといろいろなことがわかる

　職場でも同じである。「いつもと少し違う」、「おや？」と感じたとき、関心をもってみる。そして、現場に行き、現物を見て、現実のデータを測定してみる。さらに、データをグラフ化してみる。すると、隠れている事実を見つけることができる。

　ここで質問。「10円玉は丸いか？」さあ、考えてみよう。「そうだよな、丸いなあ、当り前だよ」と断定する人、「丸くないのかなあ？」と疑問に感じる人、「ポケットに手を突っ込んで10円玉を探す」と現物を確認する人。そして、10円玉を眺めていた人から声が上がった。「あ！四角だ！」

　1番目の「丸い、当り前だよ」と答えた人、確かに正解である。2番目の「丸くないのかなあ」と疑問に感じた人、少し有望である。3番目の現物を確認する人。この人は、疑問に感じ、それを自分の目で確かめみようと行動する。この人たちが何かを見つけてくれるはずである（図1.2）。

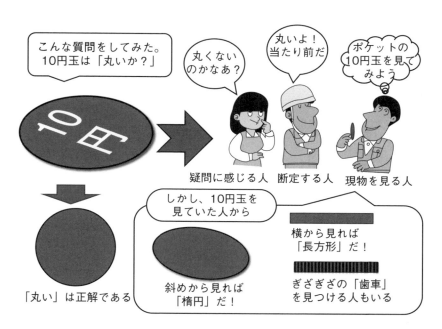

図1.2　10円玉は丸いか？

2 図を書き計算するといろいろな情報が見えてくる

(1) データから情報を得るには調理しなければならない

集めたデータを眺めていても、知りたいことはなかなかわからない。データを食材にたとえると、肉、魚、野菜と同じである。そのまま食べれば、体にとって必要なカロリーやビタミン、ミネラルは補給できる。しかし、美味しく味わうことができない。データも同じである。ただ単に、データを眺めていても必要な情報を得ることはできない。したがって、データから情報を得るには調理しなければならない。

(2) 調理するには道具が必要である

魚を焼くには網が必要である。煮るには鍋、炒めるにはフライパンが必要である。また、オーブンやレンジなどがあれば、ホテルのレストランで食べるような、手の込んだ料理やスイーツが家庭でも味わうことができる。

仕事のデータも、簡単な道具でグラフや図に表すことによって、いろいろな情報を得ることができる。さらに、計算すると客観的な情報を得ることができる（図 1.3）。

図 1.3　データを調理すると情報が得られる

(3) 統計的手法を使うと、見えない全体像を見える化できる

知りたいことは「見えない」。知り得るのは一部のサンプルである。このサンプルから見えない全体像を推測できるのが統計的手法である。

統計の基本は、「層別」、「ばらつき」、「相関」である（**図 1.4**）。

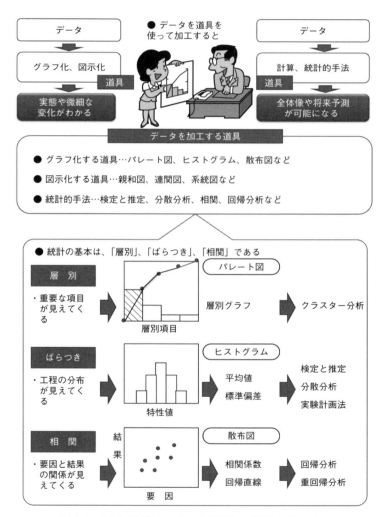

図 1.4　基本はグラフ化、図示化、計算すること

第1章　見える化技術とは

❸ 手法を使うといろいろな情報が見えてくる

　本書では、7つの見える化に役立つ いろいろな手法を活用している。活用している手法の概要は次のとおりである。

▶手法1　グラフ　データの構造が一目でわかる手法

　グラフとは、互いに関連する2つ以上のデータの相対的関係を表す図であり、全体の姿から情報を得る簡単な手法である。グラフには、折れ線グラフ、棒グラフ、円グラフなど目的に合わせていろいろな種類がある。

▶手法2　パレート図　重要問題が見られる手法

　パレート図とは、問題となっている不良や欠点、クレームなどを、その現象別に分類してデータをとり、不良個数などの多い順に並べて、重要問題を抽出する手法である。

▶手法3　特性要因図　問題の原因を整理する手法

　特性要因図とは、品質特性と要因との関係を表した図である。また、問題と原因の関係を表すこともできる。それぞれの関係の整理に役立ち、重要と思われる原因を追求するためにも用いる手法である。

▶手法4　ヒストグラム　データのばらつきを見る手法

　ヒストグラムとは、測定値の存在する範囲をいくつかの区間に分け、その区間に属する測定値の出現度数に比例する面積をもつ柱（長方形）を並べた図で、分布の姿をつかみ、工程の状態を見る手法である。

▶手法5　散布図　2つの対になったデータの関係性を見る手法

散布図とは、2つの対になったデータの関係を調べるため、横軸に要因、縦軸に結果を設定し、点の散らばりから相関関係を見る手法である。

▶手法6　相関分析　2つの特性の関連性を見る手法

相関分析とは、x と y との関連性を調べる手法である。x の平方和と y の平方和、x と y の積和から相関係数を計算する。相関係数は、$-1 < r < 1$ の値を取り、±1 に近づくほど相関が強くなる。

▶手法7　回帰分析　結果を生み出す要因の関連度合いを見る手法

回帰分析は、指定変数 x がいくつかの水準で実験されたときに得られる y の値について予測する手法である。ここでは、回帰式 $\hat{y}_i = \hat{\beta}_0 + \hat{\beta}_1 x_i$ を求めて x の値から y の値を予測することができる。

▶手法8　重回帰分析　結果に影響する複数の変数の関係度合いを見る手法

重回帰分析とは、複数の変量から構成される試料において、特定の変量を残りの変量の一次式で予測する分析法である。重回帰式 $\hat{y}_i = \hat{\beta}_0 + \hat{\beta}_1 x_{1i} + \hat{\beta}_2 x_{2i} + \cdots + \hat{\beta}_n x_{ni}$ を求めて、複数の x_i から y_i を予測することができる。

▶手法9　実験計画法　品質特性に対する最適水準を求める手法

実験計画法とは、分散分析などの統計的手法を活用して、少ない実験回数で品質特性の最適水準を見つける手法である。実験の種類には、取り上げる因子によっていろいろあるが、よく使われているのが直交配列実験計画法である。

手法10　親和図法　お客様や社内会議の意見をまとめる手法

親和図法とは、混沌とした状況の中で得られた言語データを、データの親和性によって整理し、各言語データの語りかける内容から発想によって問題の本質を理解する手法である。

手法11　連関図法　問題と原因の構造を探る手法

連関図法とは、結果と原因の関係を論理的に展開することによって、問題と原因の構造を探る手法である。また、アンケートを行うときに作成する仮説構造図として、結果系項目と要因系項目の関係を示すことができる。

手法12　系統図法　目的達成に有効な方策を求める手法

系統図法とは、達成すべき目標に対する方策を多段階に展開することで、具体的な対策の打てる方策を得るための手法である。1目的2手段で展開することによって、今までにない新しい発想を導き出すことができる。

手法13　マトリックス図法　抜け落ちなく要素間の対応を見る手法

マトリックス図法とは、現象と原因、原因と対策などの対として考察すべきものがあるときに、事象1と事象2の関係する交点の情報を記号化することによって、必要な情報を得る手法である。項目の種類によってL型、T型、X型などがある。

手法14　PDPC（過程決定計画図）法　先を深く読むための手法

PDPC（Process Decision Program Chart）法とは、過程決定計画図といい、事前に考えられるさまざまな事態を予測し、不測の事態を回避し、プロセスの進行をできるだけ望しい方向に導くための方法である。

3 手法を使うといろいろな情報が見えてくる

▶手法15 | アンケート | ニーズを検証する手法

　アンケートとは、事前に用意した質問を行うことによって、データを収集し、その結果を解析することによって、求めたい情報を得る手法である。このとき SD 法を用いると、イメージ評価を数値化することができる。

▶手法16 | SD 法 | イメージを数値化して情報を得る手法

　SD 法(Semantic Differential Scale)とは、アンケートなどの質問を度合いの順序に並べて与えておき、評価対象がどのカテゴリに属するかを回答させる手法である。評価段階はいろいろあるが、5 段階評価がわかりやすい。

▶手法17 | クロス集計 | 多数の評価を項目別マトリックスにまとめる手法

　クロス集計とは、得られたデータをマトリックス図(二元表)に表し、事象の大小を合計値や平均値、標準偏差で定量化し、着眼点(重要ポイント)を明らかにする手法である。

▶手法18 | ポートフォリオ分析 | 散布図からゾーンで方向性を検討する手法

　ポートフォリオ分析は、アンケート調査などから得られた各回答項目について、横軸に影響度(標準偏回帰係数)、縦軸に満足度などの平均スコアを散布図にプロットして重点改善項目を抽出する手法である。

▶手法19 | 発想チェックリスト法 | チェックリストからアイデアを誘発する手法

　発想チェックリスト法とは、アレックス・オズボーンが開発した発想法で、効果的にアイデアを出すときに、「他に使い途は?」などといった9つのチェックリストを用意して、発想へ導く手がかりにする手法である。

手法20　焦点法　強烈な関係づけでアイデアを生む手法

　焦点法とは、テーマに対し、次元の違う異質な世界から任意のキーワードをでたらめに選び、これをテーマと強制的に結びつけることによりアイデアを得ようとする手法である。

手法21　アナロジー発想法　常識の逆設定から新たな発想を見つける手法

　アナロジー発想法とは、そのものが本来もっている常識的な機能や特徴を列挙し、それらを否定（逆設定）し、その際にクリアになる問題点をキーワードで表し、アナロジー（類似）からアイデアを引き出す手法である。

手法22　データマイニング　売上データから販売のヒントを得る手法

　データマイニングとは、実際にお客様が買ったという事実、つまり購買履歴データから販売チャンスを見つける手法である。マイニングとは米国の西部開拓時代の金鉱堀りを意味し、販売実績データから売れるチャンスを見える化する方法である。

手法23　ベンチマーキング　改善のポイントを他所から学ぶ手法

　ベンチマーキング（Bench Marking）とは、ある分野で極めて高い業績を上げているといわれている対象と自らとを比較することで、自らの仕事のやり方の改善点を見つけようとする手法である。

手法24　プロセス改善　部門を超えて仕事のしくみを改善する手法

　プロセス改善とは、単に1つの業務を改善するのではなく、その仕事のスタートから完了までのプロセス全体を見渡して改善していく手法である。具体的には、コンカレント化などのビジネス・プロセス・リエンジニアリング（BPR）を行うことである。

▶手法25　アロー・ダイアグラム法　最適な日程計画立案に役立つ手法

アロー・ダイアグラム法とは、計画を推進するうえで必要な作業手順を整理し、新しい発想を得ることをねらいとした手法である。最早結合点日程と最遅結合点日程を計算することで、工程の短縮を検討することができる。

▶手法26　FMEA　部品の故障モードからシステム影響度を評価する手法

FMEA（Failure Mode and Effects Analysis）とは、「故障モードと影響解析」のことであり、部品→故障モード→システムへの影響を評価する手法である。工程FMEAを使うことによって、リスク分析を行うことができる。

▶手法27　FTA　トップ事象に対する故障の原因を追求する手法

FTA（Fault Tree Analysis）とは、起こってはならない事故・トラブルに影響するサブシステムや部品の故障状態との関連が明らかにすることによって、トップ事象の未然防止策を講じようとする手法である。

▶手法28　QFD　顧客ニーズを技術者の言葉に直すための手法

QFD（品質機能展開：Quality Function Deployment）とは、お客様などが要求する品質から、その品質がもっている品質特性との関係の度合いを整理分析し、設計への仕様目標を決めていくための手法である。

▶手法29　VE　機能面からコスト分析を行い、最適コストを求める手法

VE（Value Engineering）とは、ものの本質である機能を満足させるものをいかに低コストで作り込むことができるかということを検討し、機能に立ち返ってコストを考える手法である。

4 仕事をよくするトリプルパワー

(1) 不思議な力がある「3」という数字、トリプルパワー

　屋外でカメラ撮影を行うとき、一脚では誰かに支えてもらわないと立てない。二脚では立つのに技術が必要である。三脚ならどこででも自立できる。「3」という数字は、ピラミッドパワーや三本の矢、三種の神器と同様に安定した数字であり、これが図1.5に示すトリプルパワーである。

図1.5　トリプルパワー

　企業が直面する問題を打破するトリプルパワーで問題を見える化する必要がある。問題を見える化する切り口は、問題に「気づき」、原因を「考え」、対策を「行動する」の3つの行動である。さらに、企業を発展させるには、「維持」、「改善」、「挑戦」が不可欠である。

　あなたの人生でも「仕事」と「家庭」を両立し、「自分」の時間をもつこと

ができれば、人生が楽しくなる。これもトリプルパワーの1つである。

　仕事と家庭を両立し、自分の時間をもつと楽しくなる。仕事があっての家庭だし、家庭あっての仕事なのである。2つを天秤にかけることはできない。さらに、趣味やくつろぎなど自分のやりたいことができる時間をもつことができれば、さらに楽しい人生をつくることができるものである。

(2) 企業を発展に導く維持と改善に挑戦

　企業は、よい品質を提供するため、標準にもとづいて仕事を日々進めていく。この活動を「維持」といい、管理レベルが保たれる。

　問題が発生すれば、その原因を追求して再発防止を施す。この活動を「改善」といい、管理レベルの引き上げを行う。

　さらに、企業を発展させるためには、ビジョンにもとづき課題を達成していく。この活動を「挑戦」といい、新しい分野への進出につながる。

　企業が発展するには、「維持」、「改善」、「挑戦」が不可欠である（**図1.6**）。

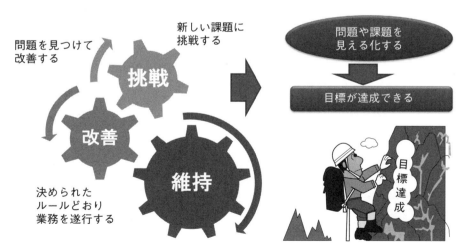

図1.6　目標を達成する3つの行動

5 問題に気づき、考え、行動することによって目標を達成できる

　仕事をよい状態にするには、まず問題に気づくことである。そして、問題の原因を明らかにする。そのために、問題の実態からデータをとり、解析を行って原因を探す。原因が見えたら、その原因を打開する対策の仮説を立て、検証を行い、よい対策に仕上げていく。

　問題を解決するためには、

① まず、「何が問題なのか？(What)」、問題に気づき、
② 次に、「なぜこの問題が発生するのか？(Why)」、原因を考え、
③ そして、「どうするのか？(How)」、最適策を行動することである。

その関係を図1.7に示す。

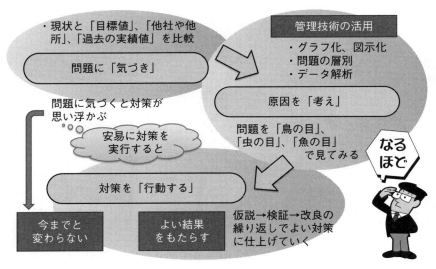

図1.7　問題を解決する3つのステップ

（1） 問題に気づくためには、「比較」すること

　問題に気づくには、理想と現状を明らかにし、その差であるギャップを見つけだすことである。このギャップが問題である。

　現状が悪い状態のときは、「この現状をなんとかしたい」ということから問題を認識できるが、現状がそう悪くない状態のときは、「今のままでいいのではないか」と問題を認識することが難しくなる。しかし、今、気づかない潜在的な問題を認識することができれば、優良企業として発展することができる。

　そのためには、絶えず、こうありたいという「理想」と、今はこの状態だという「現状」を客観的に知る必要がある。そして、理想と現状との差「ギャップ」を知ることによって、「問題」を見える化することができる（図 1.8）。

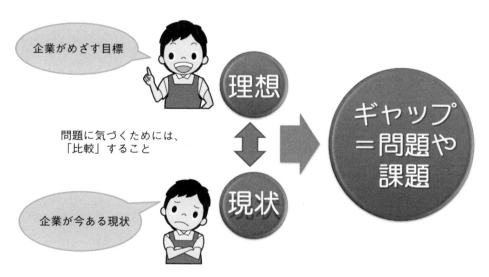

図 1.8　問題に気づくとは比較すること

(2) 原因を考えるとは、「層別」すること

鳥の目で全体をつかみ、虫の目で背後の原因を探索し、魚の目で関連する他の問題を探すことで、問題の原因を考える。

どう取り組めばよいのか思案するような問題に直面したとき、やみくもに行動しても問題の解決にはならない。そんなときは解決する問題に対し、その問題の構造を明らかにすることが重要なポイントになる。

まず鳥の目で問題の特徴から重要な問題点を引き出し、虫の目で背後の問題を探求する。そして、魚の目で他の関連する問題を見える化することで、問題解決への道筋が見えてくる。「木を見て森を見ず」とならないように心がけることである。また「上ばかり見ているヒラメの目」は困りものである(図1.9)。

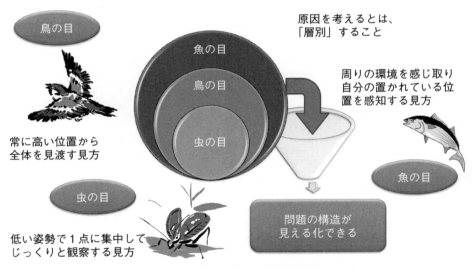

図1.9　原因を考えるとは、「層別」すること

(3) 対策を行動するとは、「工夫」すること

　よい対策に仕上げるには、まず得られた情報と知識から仮説を立て、検証を行い、問題点があれば改良していく。

　問題を解決するために最適な対策を考えるには、「対象となる固有技術」、「ぜひ成し遂げるといった強い思い込み」、そして「ひらめきにつながるヒント」が必要である。そこから仮説を立てる。

　次に、仮説を試行し、データをとって成果と問題点を検討する。このとき、最初に設定した目標が達成できたかどうかはもちろんのこと、品質(Q)・コスト(C)・納期(D)がバランスよく保たれているかどうかを検証することも大切である。

　その結果、よい成果が認められればこの仮説を本説にする。もし問題点があれば、仮説を修正して、再度検証を行う（図1.10）。

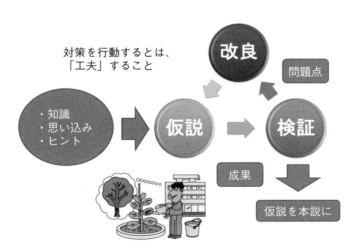

図1.10　対策を行動するとは、「工夫」すること

6 数値データをとることで一歩先が見えてくる

(1) 事実のデータから次の一手を考える

　事実のデータが目標達成のキーになる。事実のデータから必要な情報を得るには、データを加工する道具（手法）を使う。手法を使う場合、手法を使うことが目的ではなく、手法を使った結果のグラフなどから何が読み取れるのか、議論することである（図 1.11）。さらに、データを層別することで新たな事実を発見することができる。

図 1.11　グラフをもとに議論する

(2) 分析するデータは新たに収集する、既存のデータは役に立たない

　一般的に業務でとられているデータには、結果系のデータが多い。問題を設定するときはこのデータが役に立つが、問題の原因を追求するには、要因系のデータが必要である。そのため、どのようなデータをとればいいのか、データ収集の目的や測定方法を事前に設定して、適切なデータを収集することが必要となる（図 1.12）。

6 数値データをとることで一歩先が見えてくる

図1.12 セカンダリーデータとプライマリーデータ

　一般の業務でとられているデータを「セカンダリーデータ」といい、分析のために活動ごとにとられるデータを「プライマリーデータ」という。

(3) 抽象的な評価をSD法で数値化する

　SD法（Semantic Differential Scale）とは、評価したい項目の質問に回答の度合いを並べておき、評価者がどのカテゴリに属するかを記入し、評価レベルを数値化する手法である。

　例えば、提案レベルを評価したいとき、提案レベルを5段階で「5点、4点、3点、2点、1点」と設定し、あてはまる数値を採用する。

　SD法による質問のポイントは、次のとおりである。

　Point 1.　評価尺度となる状態を設定する。

　Point 2.　評価段階数は、一般的には5段階が評価しやすい

　　　　　　評価点は、「5、4、3、2、1」とする

　例：お客様に提案する内容によって得点を設定する。

　　　5点：個々のお客様に見合った提案書を作成し、プレゼンする

　　　4点：提案書を読んでいただくよう置いていく

　　　3点：一般的な提案書で説明する

　　　2点：パンフレットで説明する

　　　1点：口頭でお願いする

第1章　見える化技術とは

7 目標を達成する7つの見える化技術

　企業のスタッフは、売上向上、新製品の開発、業務の効率化、生産ラインの生産性向上など、いろいろな目標に向かって活動を展開している。これらの目標を達成するには、立ちはだかる問題を一つひとつ解決していかなければならない。

　そのためには、対象となる業務プロセスや品質特性、市場構造、お客様ニーズを見える形にする必要がある。この潜在的要素を見える化するには、いろいろな道具を使うと可能になる。そこで本書は、企業のスタッフが問題に直面する場面を7つ想定し、問題ごとにその構造を見える化するプロセスと、そこで使う手法の活用ノウハウを、見える化技術として紹介するものである。

　本書で紹介する7つの見える化技術は、次のとおりである（図1.13）。

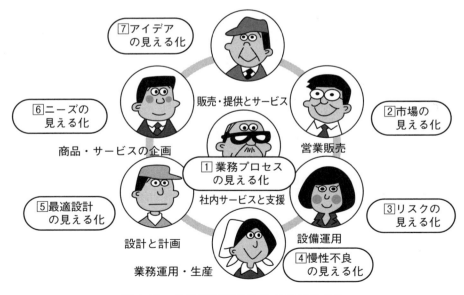

図1.13　全社で展開する7つの見える化

① **業務プロセスの見える化技術**（事務・管理部門を対象とした業務効率化）
　業務プロセスを見える化するポイントは、実際に行われているプロセスをプロセスマッピングとして書き出すことである。そのためには多くの関係者から実態を把握することに努める。

② **市場の見える化技術**（営業・販売部門を対象とした販売力強化）
　市場を見える化するポイントは、連関図を使って結果と要因の関係で仮説を立て、主要因を抽出し、散布図、相関、回帰直線を引いて売上に寄与する営業活動を特定することである。

③ **リスクの見える化技術**（運用・技術部門を対象とした品質リスク対応）
　リスクを見える化するポイントは、工程FMEAを使って、隠れている不具合モードを多くの関係者によって想定することである。

④ **慢性不良の見える化技術**（製造部門を対象とした再発防止）
　慢性不良を見える化するポイントは、三現主義で現象をとらえ、5ゲン主義で現象を発生させる原因のメカニズムを解明することである。

⑤ **最適設計の見える化技術**（設計部門を対象とした最適条件の抽出）
　最適設計を見える化するポイントは、品質特性にかかわる要因を特性要因図で明らかにし、仮説と実験を繰り返して最適水準を見える化することである。

⑥ **ニーズの見える化技術**（企画・営業部門を対象とした満足度構造解明）
　ニーズを見える化するポイントは、アンケートを行うことによって、情報を見える化することである。その結果は、重回帰分析やポートフォリオ分析を行って、隠れている情報を見える化する。

⑦ **アイデアの見える化技術**（全部門を対象とした発想力強化）
　アイデアを見える化するポイントは、情報とヒントと、強い思い込みである。このときヒントとなるのがいろいろなアイデア発想法である。

生活様式の変化が見える三種の神器

三種の神器(さんしゅのじんぎ)とは
古く、天孫降臨のときに天照大神から授けられたとする「鏡、剣、玉」
これは歴代の天皇が継承してきた3つの宝物

 時代を象徴している3つの商品や技術を「三種の神器」などとよんだり
 「3C」と表したりした
 昭和30年代、本格的な電化時代がやってきたころ
 「白黒テレビ、電気冷蔵庫、電気洗濯機」が三種の神器とよばれた
 この後、余暇時代を迎えた昭和50年代には、
 「カラーテレビ、クーラー、カー(自動車)」が3Cとよばれた
 昭和60年代には、「超電導、AI(人工知能)、セラミックス」が
 3つの新技術として話題になり

そして、平成10年代には、「デジタルカメラ、DVDレコーダー、薄型テレビ」
のデジタル家電が「新三種の神器」とよばれるようになった

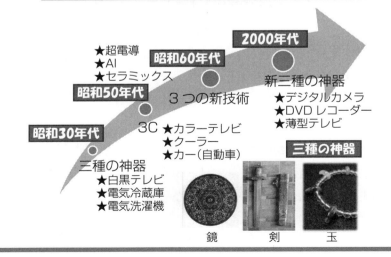

生活様式とともに変わってきた三種の神器

第2章

【見える化技術 ①】
業務プロセスの見える化技術

1 業務プロセスとプロセス改善

　業務プロセスとは、仕事の流れやしくみなどのことである。プロセス管理とは、結果を追うのではなく、仕事のプロセスに着目して管理していくことをいう。よい結果は、仕事のやり方・進め方で決まる。

　プロセス管理を行うには、まず仕事の主要な流れを把握する。そして、仕事のやり方をいつも見つめ、これでよいのかと、目標や基準に対して測定と評価を行い、仕事のやり方、流れを改善していく。

　業務プロセスをよくするには、プロセスを細分化し、プロセスの流れをプロセスマッピングに表すことから始める。このプロセスマッピングから業務遂行上の問題点を見つけ、改善する。これをプロセス改善という（図2.1）。

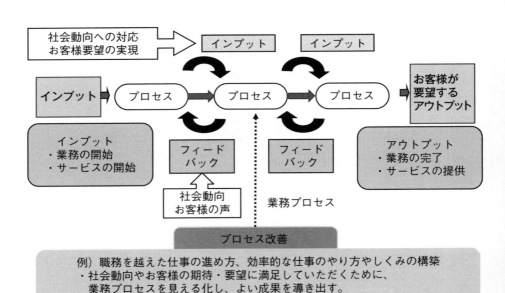

図2.1　業務プロセスとプロセス改善

業務プロセスとは、仕事の結果を生み出す要素である。具体的には、「人の能力」、「仕事のやり方」、「システムの状態」である。これらのプロセスが関係者全員に見える化できれば、結果としての仕事がよくなる方向に改善することができる。

業務プロセスを見える化するポイントは、次のとおりである（図2.2）。

Point 1. 業務の流れを図に表す
Point 2. 実際の業務を細分化する
Point 3. 所要時間を把握する
Point 4. 業務の成果を数値で表す
Point 5. 微細な変化から問題に気づく
Point 6. プロセスを組み替えて効率化する
Point 7. 最適なプロセスを共有化する

図 2.2　業務プロセスと業務プロセスを見える化するポイント

2 業務の流れを見える化するプロセスマッピング

プロセスマッピングとは、業務プロセス（業務の流れ）を明らかにするために、フロー図に実際の業務プロセスを詳細に書いた図のことである。

手順1．標準的な業務の流れを書き出す

まず、仕事の流れを書き出す。このとき、業務手順書や帳票類の流れをベースに作成する。

手順2．実際の業務の流れを追加する

手順1で作成した標準的な業務の流れに、打合せや問合せなど、実際に行われている業務を追加する。このとき、次の点に考慮して行う。

① 打合せ、調整事項も含め、考えられる業務ステップをすべて記載する

調整および関係者への説明など、すべての業務プロセスが網羅できる。

② 関係者と内容を確認する

関係者と問題を共有化することで、最も効果的な改善につながる。

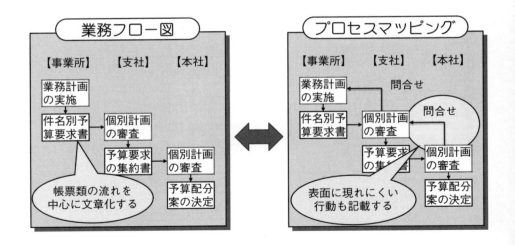

図2.3　業務フロー図とプロセスマッピングの違い

❷ 業務の流れを見える化するプロセスマッピング

業務フロー図とプロセスマッピングの違いは、次のとおりである。

業務フロー図は、帳票類の流れを中心に文書化したものであり、基本的な業務の流れが記載してある。そのため、表面的であり、プロセスの問題点が見えにくい。一人の担当者で作成が可能である。

一方、プロセスマッピングは、実際の業務の流れを忠実に詳細に文書化(調整業務などの実際の行動を記載)してあるので、付加価値を生まない活動、ムダな作業、重複作業などのプロセスの問題点が明確化になる。そのため、作成には、多くの担当者の協力が必要であり、一人では無理である(図2.3)。

図2.4は、他会社の電柱に通信設備を共架する際に必要な手続き関係をプロセスマッピングに表したものである。ここでは、まず基本となる業務フロー図を作成する(手順1)。そして、実際に行っている作業を追加し(手順2)、その結果である問題を抽出している(手順3)。

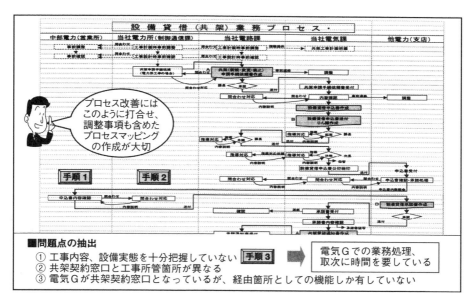

図2.4　プロセスマッピングの一例

3 作業の実態を見える化する工程分析シート

仕事の中に潜むムダを見つけるには、まず対象となる仕事の手順を書く（手順1）。そして、作業ごとに「何のためにこの作業をやっているのだろうか？」と問いかけて、作業の目的を書く（手順2）。次に、作業ごとに所要時間を測定する。その結果から、最少所要時間、平均所要時間と最大所要時間を計算する（手順3）。

以上の結果から、目的が見つからない作業はムダであり、その作業をやめることができる（手順4）。また、所要時間の差が大きい作業は、やり方を統一することでムダを省くことができる。さらに、作業の流れ全体から、効率的に進める手順を見つけることもできる（**図 2.5**）。

業務プロセス	目的	所要日数			問題点	要改善
		最小	平均	最大		
① 依頼内容確認 ↓	・内容の取り違え防止	8	10	15		
② 必要図面確認 ↓	・状況の確認	5	15	30	・ばらつきが大きい	○
③ 検討内容抽出 ↓	・検討内容の洗い出し	5	10	15	・手待ちが多い	◎
④ 関係個所調整 ↓	・間違いの防止	4	5	7	・手直しが多い	
⑤ 設計案作成 ↓ ⋮ ↓	・実施項目の明確化 ⋮	22 ⋮	25 ⋮	28 ⋮	・平均時間が長い	○
手順1	手順2	手順3			手順4	

図 2.5　工程分析シート

3 作業の実態を見える化する工程分析シート

　図2.6は、電柱取替え工事において、低圧線1条ごとに3回の活線作業が必要となる。このため、「工程分析シート」を使って、作業工法の改善を行った。

- ●非効率・ムダと感じられる仕事
  - ○絶縁用防具の取付箇所が多い
  - ○活線作業の頻度が多く危険性が高い
  - ○作業空間が狭く作業性が悪い
- ●おおまかなプロセス図
  - ケーブル取付 → 旧電線路の開放 → 旧・新電線路の接続
  - 旧柱の電線撤去 ← 新柱へ電線を固定
- ●上記仕事に対するお客様(依頼元)への要望
  - ○お客様へのサービス(電気は止めないで作業する)
  - ○作業中にお客様からのクレームを発生させない

- ●効率化すべき業務・作業名
  - ○低圧線移替え作業
  - (所要時間:平均60分 最小40分 最大90分)
- ●テーマ
  - ○安全・品質を確保した作業時間の短縮
- ●目標値①何を(目標項目) 作業時間
  - ②いつまでに(達成期日) 10月末日
  - ③どれだけ (目標値) 30%削減

作業プロセス分析シート　出典「仕事に役立つ七つの見える化シート:九電工」作業プロセスの表示と問題点の抽出

改善対象の作業手順(1条当たり)(実際に行っている作業内容)	作業の目的	所要時間 最小	所要時間 平均	所要時間 最大	ムダ・非効率と感じる問題点	要改善No.
○新柱の装柱(アーム・碍子などの取り付け)	○電線、機器類を取り付ける	5	10	15		
○旧柱側の作業のため絶縁用防具を取り付ける	○感電、短絡、地絡防止(活線作業)	6	8	10	防具取り付け箇所が多くなっている	
○バイパスケーブルを取り付ける	○お客さまの電気を止めない(活線作業)	3	5	7	—	
○旧柱側電線路開放のため張線器を取り付ける						
○旧電線路を開放する	○電線を旧柱から新柱に移し替える(活線作業)	8	10	20	活線のため時間がかかる	
○旧電線に新線を足し線する						
○新柱側に電線を固定するための張線器を取り付ける						
○旧柱側の張線器を取り外す						
 新柱側電線取り付け状況	 絶縁張線器取り付け状況	5	7	9	活線のため危険性が高く、作業が悪い	①
		2	5	9	防具を取り付けるのに手間がかかる	②
	バイパスケーブル取り付け状況	7	10	14	—	
	電線移し替え作業状況	4	5	6	—	

図2.6　工程分析シートを活用して効率化を実現した例

4 事務の流れを見える化するDOA

　DOA（Data Oriented Approach：データ中心アプローチ）とは、現行業務をモデル化し、業務プロセス間にやりとりされる情報（データ）を中心に業務の流れを分析し、改善する手法である。この手法は、部門間を共通の尺度で分析し、組織の壁を越えた業務改善の検討に有効である。

　DOAの基本的な考え方は、重複する帳票は整理・統合し、いらない帳票はやめ、価値ある帳票は残し、煩雑な帳票はコンピュータ処理にすることである（図2.7）。

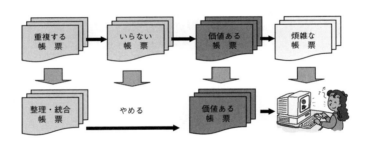

図2.7　DOAの基本的な考え方

DOAによるプロセス改善の進め方は、次のとおりである。
① インプットとアウトプットでデータ変換のないプロセスの排除
② 後続のプロセスで活用されていない帳票・伝票などの排除と関連するプロセスの排除
③ データ項目が重複している複数の帳票・伝票などの排除
④ 同一の帳票・伝票などを作成するプロセス群の統一

4 事務の流れを見える化する DOA

　図 2.8 は、プロセス上の問題点から、申請業務のところでは、工事所管箇所と設備管理箇所が行っていたものを、工事所管箇所が直接申請業務を行うこととした。図 2.8 の上段箇所であり、これをプロセスの簡素化という。

　また、調整段階では、電気グループと電路グループが行っていたやりとりの業務を排除した。図 2.8 の中段箇所であり、これを不要なプロセスの省略という。さらに、結果連絡段階では、電気グループへの経由業務を省略した。これも図 2.8 の下段箇所に示す不要なプロセスの排除である。

　この結果、改善前は 11 日かかっていた業務が 6 日に短縮され、改善後にプロセスが大きく減少していることがわかる。

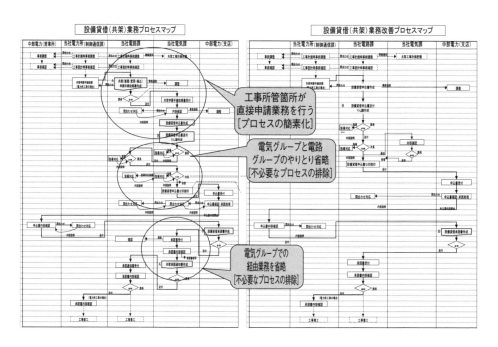

図 2.8　DOA による業務の効率化

5 仕事のやり方を変えるプロセス改善

プロセス改善とは、1つの機能を改善するのではなく、複数の機能をプロセス全体として改善をはかっていくものである。

たとえば、メンテナンス・サービスのプロセスを見てみる。まず、サービスの受付という機能があり、訪問計画を立てる。それからサービススタッフが実際に現場を訪れサービスを実行する。その後に修理費の回収、フォローという業務がある。

ここで、修理費の回収だけを機能でとらえると、どうすれば修理費回収の効率が上がるかという発想はできない。ところがプロセスで見たときには、サービススタッフが修理を行ったときに同時に代金をもらってくるという発想ができる（図2.9）。

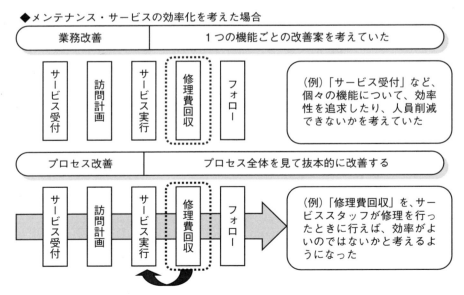

図2.9　業務改善とプロセス改善の違いの例

(1) 対象となるプロセスと問題点の抽出

プロセスを明らかにするために、業務のフロー図などからプロセスを詳細に描く。このことにより、プロセスの問題点を見える化することができる。

仕事のプロセスが書けたら、プロセス上に潜む問題点を書き出して、プロセスマッピングを書いてみる。このとき、工程内の問題点に着目するだけでなく、工程間のつなぎ上での問題点も抽出することを忘れないようにする。図2.10 は、お客様の申込みに対し、お客様から「処理が遅い」という苦情があり、処理業務のプロセスとそこに潜む問題点をプロセスマッピングに表したものである。

このプロセスマッピングから、「お客様希望納期について受付時の対応がまちまちである」、「地主との用地交渉への着手が遅い」など、問題点を4つ抽出することができた。

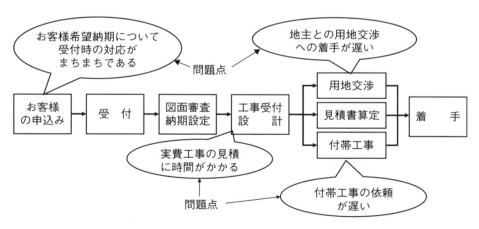

図2.10 プロセスマッピングと抽出された問題点

(2) 複数の工程の並列化による工程の短縮

　これまで、1つの流れで連続して行われていた複数の工程を、並列化して同時に行うことで、仕事の工期の短縮が期待できる。

　たとえば、図2.10の問題を取り上げ、お客様から受け付けた申込みに対して、希望日に着工できず、お客様にご迷惑をおかけしていた。その原因を調査した結果、用地交渉や、付帯工事が遅れるためであることが判明した。従来は用地交渉や付帯工事の工程は、設計の工程の後であったものを、早い段階で設計の工程などと並行して行うようプロセスを改善し、所要時間の短縮をはかった（図2.11）。

　プロセスを改善した内容は、以下のとおりである。

① 「用地交渉」は、「図面審査」が終わればできるので、「工事受付・設計」と並列化した。

② 「付帯工事」は、「受付」後に取りかかれることがわかったので、「工事受付・設計」と並列化した。

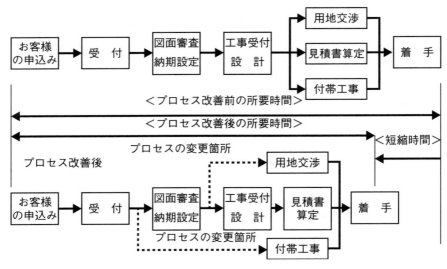

図2.11　複数の工程を並列化した例

図 2.12 では、あるサービス会社の営業店で、お客様から住設機器の故障修理に関する問合せがあり、当日修理率 100% を達成するために、現行のサービスグループと提案グループで行っていた。しかし、お客様からの給湯器の問合せは、夕食の用意をする 18 時ごろに集中し、サービスグループがお客様宅へ出向いて調査するのが 19〜20 時になり、提案グループへの修理依頼が遅くなることがたびたびあった。また、その時点で提案グループも帰宅して不在になることもあり、お客様への対応が翌日になることもたびたびあった。

そこで、アフターサービス店への手配方法を、お客様センターサービスグループと提案グループで役割分担していたやり方から、サービスグループ単独で行うように変更した。

その結果、速やかにしかも正確に対応することができるようになり、アフターサービス店が実施する当日修理率を大幅に改善することができた。

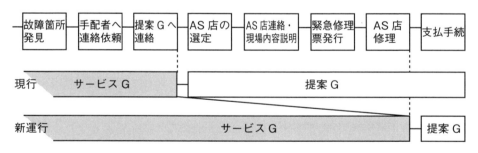

図 2.12　担当部署を統合して効率化を図った例

6 プロセス改善を進める BPR

　BPR(Business Process Reengineering)とは、ビジネス・プロセスを組み直して価値のあるものを作り出すことをいう。行き過ぎた分業化によるお客様への直接の付加価値を生まない管理であったり、あるいは調整・検査などといった仕事が増えすぎてしまう。そのような仕事は、本来はないほうがよい仕事である。したがって、分業化によって発生した仕事は排除してしまおうというリエンジニアリングの発想で改善する。

(1) 複数の工程の集合

　プロセスは多くの細分化された工程から成り立っている。しかし、分業が行き過ぎた場合、工程と工程との間のコミュニケーションが悪くなり、ミスを引き起こすもある。

　このような場合には、従来は別々にやっていた工程を統合して、1つにまとめることにより改善することができる(**図 2.13**)。

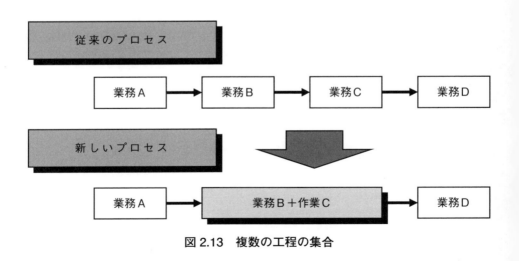

図 2.13　複数の工程の集合

(2) 複数の工程の同時進行

プロセス改善の手法として重要な視点となるのが「工程の並列化(狭義のコンカレント化)」である。工程の並列化とは、図 2.14 に示すように、これまで流れ作業的に連続して行われていた工程を並行にして同時に行うことである。

これにより仕事のスピードがアップし、工期の飛躍的な短縮が期待できる。

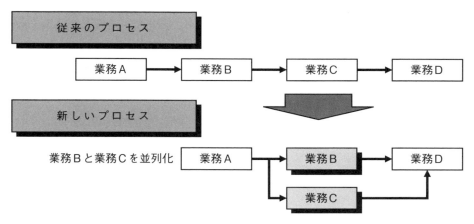

図 2.14　複数の工程の同時進行

(3) 同期化とオーバーラッピング

　同期化とは、業務A、業務B、業務Cという仕事の間のつなぎの仕事を省いていくことである。つなぎの仕事がなくなれば、業務Aが終わったらすぐに業務Bが始まるという形で全体工程の短縮が図れる。

　さらに、業務Aという仕事と業務Bという仕事をオーバーラップさせて行うことができれば、もっと全体工程の短縮が可能になる（図 2.15）。

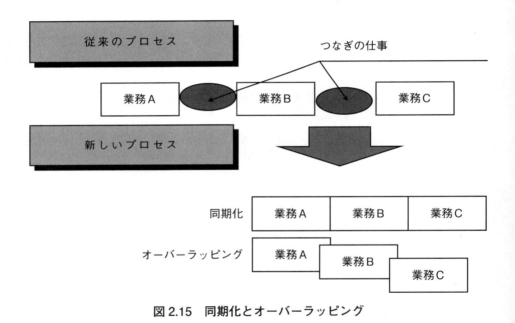

図 2.15　同期化とオーバーラッピング

7 仕事の流れを見える化するアロー・ダイアグラム

（1） アロー・ダイアグラムとは

アロー・ダイアグラムとは、「計画を推進するうえで必要な作業手順を整理するのに有効な手法」である。

図2.16は、「検討会の準備作業」のアロー・ダイアグラムである。この図より、クリティカル・パスと呼ばれる管理の重点箇所が明確になる。

アロー・ダイアグラムを作成する手順は、次のとおりである（図2.17）。

手順1．対象となる工程や作業を把握する
手順2．作業の流れを矢線と結合点で結んでいく
手順3．最早結合点日程と最遅結合点日程を計算する
手順4．クリティカル・パスに注目し、工程短縮を検討する

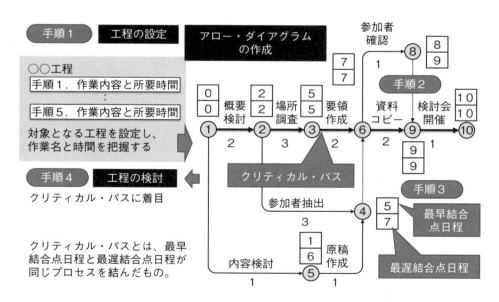

図2.16　アロー・ダイアグラムの作成手順

(2) アロー・ダイアグラムの日程計算

結合点日程を知ることによって、工程の管理や工程短縮の検討ができる。

1) 最早結合点日程

その結合点から始まる作業が、開始できる最も早い日程で、着手可能日ともいえる。図2.17の上段の日程は出発は結合点①の0日よりスタートし、順次作業日数を加算していく。注意すべき点は、2つ以上の矢線が入り込む結合点⑥である。ここでは、計算上③→⑥の35日と、⑤→⑥の30日があるが、最大値をとって35日とする。

2) 最遅結合点日程

その結合点で終わる作業が遅くとも終了していなければならない日程で、完了義務日程ともいえる。図2.17の下段の日程は出発は結合点⑦の55日よりスタートし、順次作業日数を減算していく。注意すべき点は、2つ以上の矢線が出ている結合点②である。ここでは、計算上③→②の10日と、④→②の15日があるが、最小値をとって10日とする。

最早結合点日程と最遅結合点日程が同じ作業は余裕がない。これを「クリティカル・パス(CP)」と呼んで、工程短縮上着眼点とすべきところである。

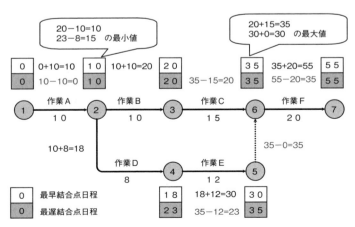

図2.17　結合点日程の計算方法

(3) アロー・ダイアグラムによる工程短縮の検討例

　ある会社で11日後に開催される会議を問題なく準備できるよう、アロー・ダイアグラムで管理することとなった（図2.18(a)）。

　ところが、会議が急に3日早く開催されることとなり、クリティカル・パスに着目した。3日かかる会場探しを2日間とし、さらに、「会場探し」、「開催案内作成」、「出席者確定」を同時作業で行い、「開催案内」を仕事に余裕のある部所にお願いした。その結果をアロー・ダイアグラムに表してみると、図2.18(b)のようになり、3日間短縮できることがわかった。

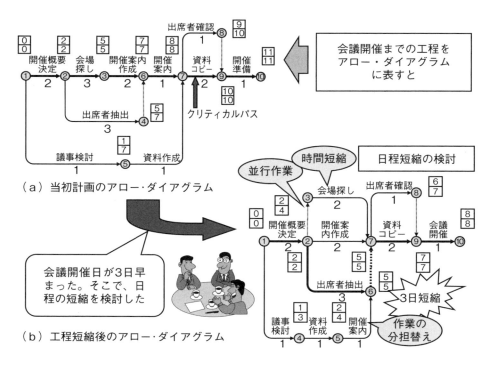

図2.18　会議開催のアロー・ダイアグラムと日程短縮の検討

窓から外を見ても世間は見えない

窓から外を見ても世間は見えない
　　東京のホテルに泊まって窓から外を見るとビルの谷間が見える
　　東京はビルの乱立する味気ないところだ、とイメージする
それを聞いていたホテルのスタッフが、
この近くには公園があって、森の中にいるようないい場所です
では、少し散歩してみようかと出かけたところ
「あ！スカイツリーが見えた」

　　そうなんです。
　　自分が動かずに、あれやれ、これやれと指示を飛ばす部長さん
　　一度、現場で行ってみてください

新商品の開発に実験室にこもっている開発担当スタッフ
自社の商品を使っているお客様のところへ行ってみませんか
案外、アイデアがまとまるのではないでしょうか

　　営業部長さん、たまには商品が並んでいるお店に出かけてみませんか
　　新しい販売戦略が浮かぶかもしれません

要は、窓から外を眺めていても世間は見えないんです

第3章

【見える化技術 ②】
市場の見える化技術

1 市場を見える化するステップ

販売活動で取り上げた問題は、現象であったり、抽象的な内容であることが多い。真の売上を上げるには、問題を発生させている原因を見つけなければならない。しかし、原因は直接見ることはできない。

そこで、現象として捉えた問題の原因を連関図で考えることで、原因を見える化することができる。具体的には、問題の現象を一次要因として設定し、一次要因ごとに「なぜ？」「なぜ？」と考えていき、末端の原因を明らかにする。ここで、抽出された二次要因以降の要因から、原因と考えられる「主要因」をいくつか選定する。選定された主要因は、事実のデータを収集し、層別グラフや時系列グラフから環境の変化点に注目する。さらに、結果（問題）と原因（主要因）のペアのデータから散布図を書き、相関関係を検証する。

以上のことから、売上が伸びない原因を特定する。具体的には、**図 3.1** に示すように、次の手順で進める。

手順 1. 問題と原因の連関図の作成

「売上が伸びない」など取り上げる問題に対する要因を洗い出し、構造を考える。このとき、連関図を作成する。

手順 2. 要因の実態を把握

データを層別し、問題をより具体化する。要因の時系列グラフを書いて、変化点に注目し、問題点を把握する。

手順 3. 要因と結果の関係を把握

結果と要因の関係を把握するため、散布図を作成し、相関係数を求めて、結果と要因の関係を把握する。相関係数から相関があるかどうかは、無相関の検定を行って調べる。

無相関の検定の結果、相関があると認められたとき、この要因が結果に影響する原因と認められたことになる。このとき、要因から結果を推測する回帰式

■ 市場を見える化するステップ

を求める。

手順4. さらなる高度な手法の活用

複数の要因から結果を予測するには、重回帰分析を行う。また、重回帰分析から求めた標準偏回帰係数と平均値の散布図から重点改善項目を抽出するポートフォリオ分析なども活用する。

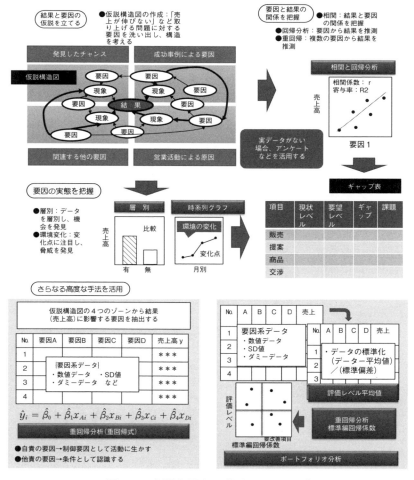

図3.1 市場を見える化するステップ

2 問題と原因の関係を見える化する連関図

(1) 連関図とは

連関図とは、問題とする事象（結果）に対して、原因が複雑に絡み合っている場合に、その因果関係や原因相互の関係を矢線によって論理的に関係づけ、図に表すことで、問題解決の糸口を見出す方法である。

連関図は、まず取り上げる問題を設定する。そして、問題に関連する現象を調べる。このとき、数値データで実態を把握する。次に、問題の現象をとらえて問題の周りに書く。これが一次要因である。その後、一次要因ごとに「なぜなぜ」を繰り返し、要因を堀り下げ、その結果を連関図に書く。

そして、重要と考えられる主要因を特定し、データを収集し、真の原因を突き止める（**図 3.2**）。

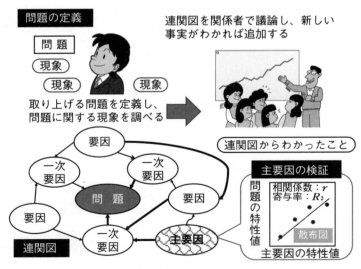

図 3.2　連関図による原因の追求

❷ 問題と原因の関係を見える化する連関図

(2) 連関図の作成手順

連関図は、原因→結果などの関係が複雑に絡み合っている問題について、これに関係すると考えられるすべての原因を抽出し、的確な言語データで簡潔に原因を表現し、それらの因果関係を矢線で論理的に関連づける。その結果、全貌をとらえ、主要因を絞り込むことによって、問題の核心原因をとらえていく。

連関図を作図する手順は、次のとおりである。

手順1．取り上げる問題を設定する

取り上げる問題は具体的に設定することが重要である。

最近主力商品の売上が落ち込んできたことから、販売実績を調べたところ、主力商品である○○の売上が減少していることがわかった。そこで、「主力製品の売上が伸びない」をテーマに設定し、原因を連関図で検討することにした（**図 3.3**）。

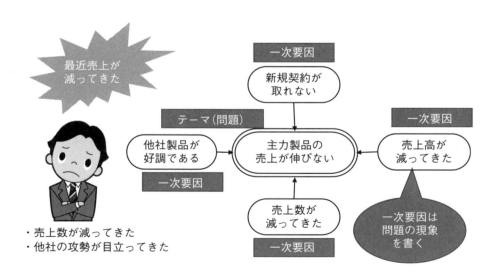

図 3.3　問題の設定と一次要因の抽出

手順2. 一次要因を抽出する

一次要因は、問題の具体的な現象を考えて問題の周りに記入する。一次要因は、2～5つ程度出す。

図3.3では、問題「主力製品の売上が伸びない」に対し、4つの一次要因、「売上高が減ってきた」「売上数が減ってきた」「新規契約が取れない」「他社製品が好調である」を抽出している。

手順3. 一次要因の実態を把握しグラフを添付する

一次要因ごとに関連するデータを収集し、グラフに表す。この結果を連関図の一次要因の周辺に配置する。

図3.4では、一次要因に対して売上高の月別推移を折れ線グラフに表し、月別の売上数を棒グラフに、月別の新規契約数を横棒グラフで表し、競合他社3社と当社の月別推移を折れ線グラフに表している。これらの結果から一次要因に設定した4つの要因が事実であることを確認するに至っている。

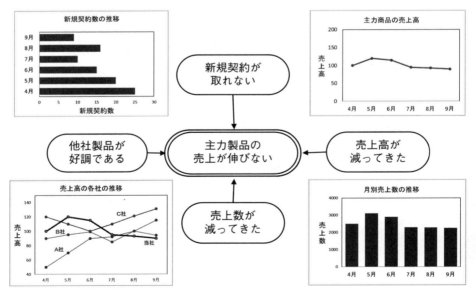

図3.4　一次要因の実態把握とグラフ化

手順4. 要因を掘り下げる

1つの一次要因を結果として、「なぜこの一次要因が発生するのか」その原因を関係者で考えて記入していく(図3.5)。

このときのポイントは、「なぜ・なぜ」を繰り返した要因の掘り下げと同時に、これらの要因だけでこの事象が起きるのか?というように、要因から結果を見直すことである。

また、要因を考えるにおいて、他責(予算がない、他社が価格を下げた、など)が出てきた場合、これを条件(現状の予算でなぜできないか、他社が価格を下げた状態でなぜ自社の製品が売れないのか)と自責(自分たちの行動レベル)に変えることが重要である。

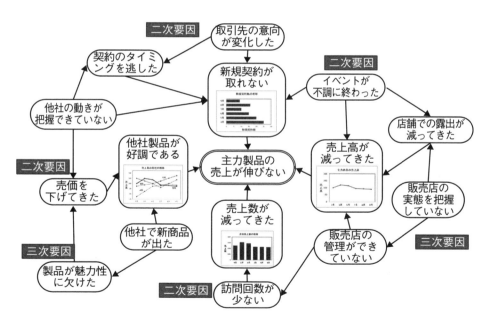

図3.5　要因の掘り下げ

図3.6では、一次要因「売上高が減ってきた」を結果として、二次要因「イベントが不調に終わった」、「店舗での露出が減ってきた」、「販売店の管理ができていない」の3つの要因を引き出している。

手順5．連関図をチェックし、修正する

一通り連関図が完成した時点でチェックを行い、修正する。

① 全体を眺めて、「抜け」や「落ち」があれば追加する。
② 要因間の関連性をチェックし、関連する要因同士を矢線で結ぶ。

さらに、完成した連関図を問題となっている現場へ持って行き、現物を確認したり、関係者に聞き込みを行った結果を連関図に記入していく。

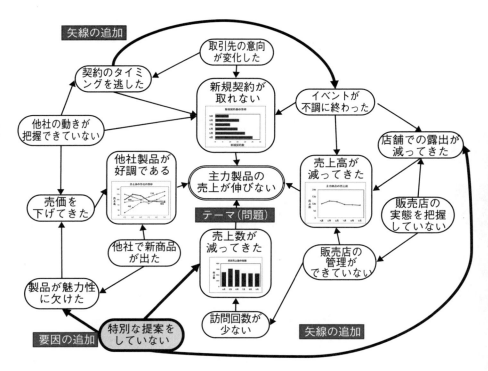

図3.6　連関図のチェックと追加

図 3.6 では、三次要因「商品の魅力性に欠けた」を結果として、四次要因「特別な提案をしていない」を追加している。また、「特別な提案をしていない」という要因から「店舗での露出が減ってきた」の結果に矢線を追加している。さらに、「イベントが不調に終わった」二次要因に対して、その要因に「契約のタイミングを逸した」も考えられたことから矢線を追加している。

手順 6. 主要因を抽出する

主要因となる候補は、矢線の出入りが多い要因や矢線が出ている根底にある要因に注目する。主要因は二次要因以降から抽出する。

この主要因に関連する数値データをとり、実態を客観的に評価する。このことによって関係者が共通認識のもとで思考することができ、原因が特定しやすくなる。

図 3.7 では、4つの主要因「店舗での露出が減ってきた」、「訪問回数が少ない」、「特別な提案をしていない」、「他社の動きが把握できていない」を選び出している。

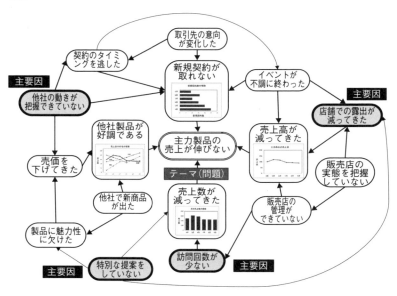

図 3.7　主要因の抽出

手順7. 主要因をデータで検証する

真の原因をつかむには、重要と思われる主要因に関して、データを採取し、データによる検証から真の原因を突き止める。

図3.8では、主要因の実態を把握するため、データを層別して状態を比較する棒グラフを書いたり、時系列折れ線グラフから変化点の環境変化を読み取っている。

また、結果(問題)の特性値と主要因の特性値のデータをペアで収集し、散布図を書くことによって、真の原因であるかどうかを確認している。このとき、相関関係がわかりにくいときには、層別散布図を作成するとよい。

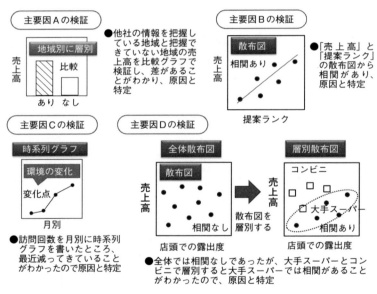

図3.8　主要因をデータで検証した例

手順8. 全体をまとめる

以上の結果を連関図に張り付け、特定された原因をまとめておく。例示を図3.9に示す。

2 問題と原因の関係を見える化する連関図

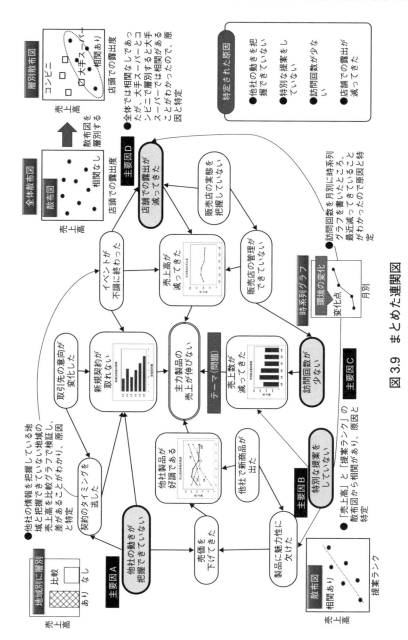

図 3.9 まとめた連関図

❸ 営業成績を見える化する相関と回帰

(1) 新人研修が売上に役に立ったのか？

　営業部では、新人に商品知識や販売ノウハウの研修を行っており、予算申請をしたところ、経理部から、「この研修が本当に役立っているのか？」と聞かれた。そこで、店舗ごとの「研修受講率」と「売上増加率」のデータを集めた。

　図 3.10 は、横軸に「研修受講率」、縦軸に「売上増加率」を取ったグラフに、10 店舗のデータをプロットしていった散布図である。この散布図は、点が右肩上がりになっていた。これを、「正の相関がある」といい、新人研修が営業の売上に役に立っていそうであるということがわかる。

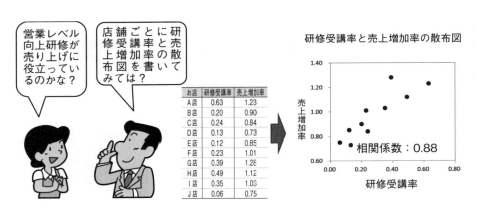

図 3.10　店舗ごとの研修受講率と売上増加率の散布図

(2) どのくらい新人研修を行えばよいのか？

では、どれくらい研修を行えば、目標を達成することができるのかを考えてみる。この散布図の点の集団の中央に1本の直線を引く。

この直線の式を求めてみた。

（売上増加率）＝ 0.94 ×（研修受講率）＋ 0.71

この式を使えば、どのくらい研修受講率を上げれば、目標の売上増加率を達成できるのかを予測することができる。研修受講率を50％にすれば売上増加率が118％になると予想される。この結果をもとに、来年度、各店舗の研修受講率を50％まで引き上げるよう研修計画を立てた。

相関関係を見るのに、相関係数がある。相関係数とは、先ほど説明した相関関係の強さを表す値である。ここでは、相関係数 $r = 0.88$ である。

寄与率は、取り上げた要因がどの程度結果に寄与しているかの目安である。ここでは、寄与率 $R^2 = 0.77$ であり、売上増加率に影響を与えている要因のうち、77％が研修受講率だということがわかる（図3.11）。

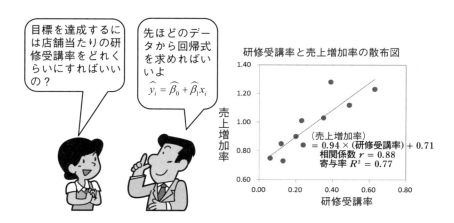

図3.11　散布図と回帰直線

4 相関関係を見える化する散布図

　要因と結果の関係を見るには、横軸に要因、縦軸に結果を引いた散布図を書く。この散布図の点の散らばり方から相関の有無を判定する。

(1) 散布図を書くと2つの相関関係がわかる

　散布図にプロットされている点の集団から、2つの特性の相関を読み取る。

　表3.1は、「提案状況」、「店頭価格」、「訪問時間」と「売上高」の6店舗のデータがある。

表3.1　営業活動と売上高のデータ表

店舗	提案状況 （ランク）	店頭価格 （円）	訪問時間 （分/回）	売上高 （万円）
A店	1.83	1,900	18	107
B店	5.00	1,800	21	122
C店	1.92	2,100	18	90
D店	3.42	2,000	20	112
E店	2.75	2,300	17	104
F店	1.00	2,400	22	91

　1）「提案状況」と「売上高」の関係

　表3.1のデータ表から「提案状況」をx軸に、「売上高」をy軸にとった散布図が、図3.12である。「提案状況」の評価点が高くなると、「売上高」が多くなる。この状態を、相関があるといい、この場合x軸が増えればyの値も増えていく。この関係を正の相関があるという。

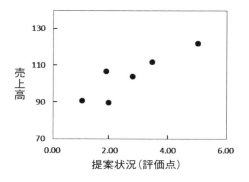

図 3.12　提案状況と売上高の散布図

2) 「店頭価格」と「売上高」の関係

表 3.1 のデータ表から、「店頭価格」を x 軸に、「売上高」を y 軸にとった散布図が、**図 3.13** である。「店頭価格」が高くなると、「売上高」が減ってくる。この状態を、相関があるといい、この場合 x 軸が増えれば y の値が減ってくる。この関係を負の相関があるという。

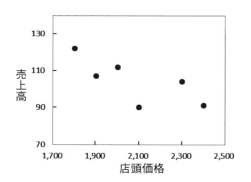

図 3.13　店頭価格と売上高の散布図

3) 「訪問時間」と「売上高」の関係

表 3.1 のデータ表から、「訪問時間」を x 軸に、「売上高」を y 軸にとった散

布図が図3.14である。「訪問時間」が増えても、「売上高」が増えるとは限らない。この状態を、相関があるとは言えないという。このような場合、「訪問時間」以外で「売上高」と相関のある要因を探す。

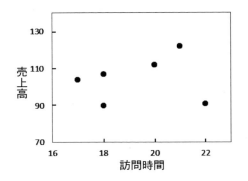

図3.14　訪問時間と売上高の散布図

(2)　散布図を見るときの留意点
1)　飛び離れたデータが出現したとき

全体の点の散らばりから飛び離れた点があれば、データの履歴からその原因を調べる。その結果、測定ミスや他のデータが混在しているとわかったときには、このデータを除いて、再度散布図を書く。

もし、このデータが、解析している対象から出現したデータであると想定された場合、このデータは調べる対象の異常を知らせる重要な情報である。この場合、出現した状態を調べ、もう少しデータをとって、再度散布図を書く（図3.15）。

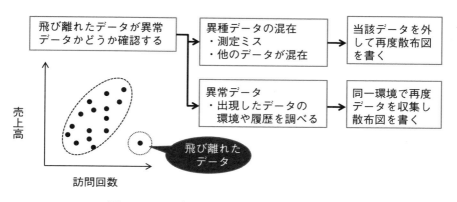

図 3.15　飛び離れたデータが出現したとき

2）今までの経験から判断すると疑問に感じるとき

　散布図から、「相関がない」と判断された。しかし、今までの経験から、この要因は結果に対して「相関がある」はずだ、と疑問を感じたら、データの履歴を確認し、層別した散布図を書いてみる。

　その結果、層別された散布図からは、「相関がある」ということが判明することもある（**図 3.16**）。

　またこの逆の場合もある。散布図を書いてみたら、「相関がある」と判断された。今までの経験から「相関がない」はずだと感じて、新たに層別してみると、実は相関がなかったということも考えられる。（**図 3.17**）。

　グラフや解析からわかることを「統計的判断」という。これに対して、今までの知識や経験から考えたものを「固有技術的判断」という。この 2 つの判断が異なったときは、データをとり直し、もう一度考える。決してどちらが正しいと強引に決めてはならない。

第3章 【見える化技術②】市場の見える化技術

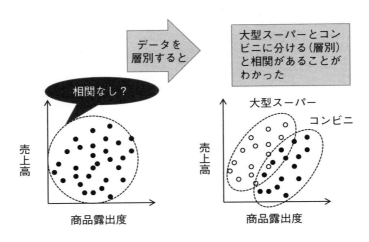

図 3.16　層別すると相関がある場合

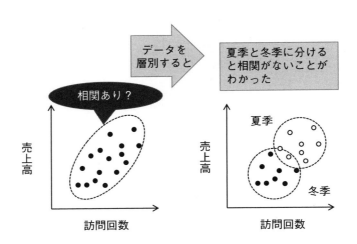

図 3.17　層別すると相関がない場合

3) 点の散らばりに2つ以上の傾向が現れたら層別してみる

散布図の点があちらこちらに点在した場合、散布図を層別する。

あるスーパーマーケットでは、新聞の折込チラシを利用していた。あるとき、この折込チラシが売上に役立っているのかといった疑問の声があがった。そこで、系列の8店舗の「折込費用」を横軸に、「売上金額」を縦軸にして散布図を書いた。

その結果、相関があるようにも、ないように見えた。そこで、店舗を「住宅地」と「商業地」で層別してみると、商業地は、折込費用と売上金額との相関がなさそうであり、住宅地は、折込費用と売上金額とに相関があることがわかった。この結果から住宅地は折込チラシの効果がありそうなので、今後も強化していくことにした（図 3.18）。

店	単位：万円/月 折込費用	単位：10万円/週 売上金額	地域
A店	5.4	72	住宅地
B店	4.2	55	住宅地
C店	4.4	60	住宅地
D店	2.9	31	商業地
E店	2.7	26	商業地
F店	2.6	27	商業地
G店	3.4	32	商業地
H店	2.2	31	商業地

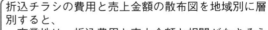

折込チラシの費用と売上金額の散布図を地域別に層別すると、
・商業地は、折込費用と売上金額と相関がなさそう
・住宅地は、折込費用と売上金額と相関がある

住宅地は折込チラシの効果がありそうなので、今後も強化していくことにした

図 3.18　地域別に層別した散布図

5 相関の強さを数値で見える化する相関係数

(1) 相関係数の計算

　散布図から2つの特性の関係を読み取ることはできるが、この相関の度合いを統計量として把握するには、相関係数 r を計算する。相関係数 r は、2つの変数の相関関係の強弱の程度を数値で表したものであり、相関係数を計算することによって相関の強さを見ることができる。

　今、食品売場の売上高が落ち込んできた原因を考えていたとき、売り場面積によって売上高が異なるかどうかを調べてみることになった。そこで、系列10店舗の食品売り場面積と売上高のデータをとった(表3.2)。

表3.2　食品売場面積と売上高

店舗	食品売場面積 (㎡)	売上高 (十万円)
No.1	18	14.6
No.2	30	27.6
No.3	12	10.1
No.4	15	18.7
No.5	34	28.5
No.6	28	11.5
No.7	42	21.2
No.8	43	19.2
No.9	30	20.3
No.10	55	30.2

　相関係数を求めるには、2つの特性値の平方和と積和を求める。求めた平方和と積和を使って、次式で相関係数を求める。概念を図3.19に示す。

$$相関係数 : r = \frac{S_{xy}}{\sqrt{S_{xx} \cdot S_{yy}}}$$

5 相関の強さを数値で見える化する相関係数

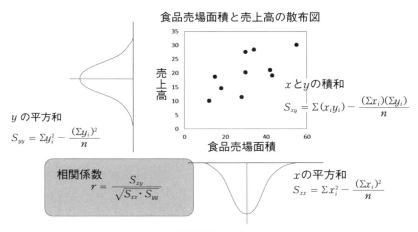

図 3.19　相関係数の求め方

まず、データ補助表を作成する（表 3.3）。ここでは、前述の食品売り場面積と売上高のデータから相関係数を計算する。

表 3.3　計算補助表

店舗	食品売場面積 x	売上高 y	x^2	y^2	xy
No. 1	18	14.6	324	213.16	262.8
No. 2	30	27.6	900	761.76	828
No. 3	12	10.1	144	102.01	121.2
No. 4	15	18.7	225	349.69	280.5
No. 5	34	28.5	1156	812.25	969
No. 6	28	11.5	784	132.25	322
No. 7	42	21.2	1764	449.44	890.4
No. 8	43	19.2	1849	368.64	825.6
No. 9	30	20.3	900	412.09	609
No. 10	55	30.2	3025	912.04	1661
合計	307	201.9	11071	4513.33	6769.5

表3.3から、xの平方和、yの平方和とxとyの積和を計算する。

$$x \text{の平方和} \quad S_{xx} = \Sigma x_i^2 - \frac{(\Sigma x_i)^2}{n} = 11071 - \frac{(307)^2}{10} = 1646.1$$

$$y \text{の平方和} \quad S_{yy} = \Sigma y_i^2 - \frac{(\Sigma y_i)^2}{n} = 4513.33 - \frac{(201.9)^2}{10} = 436.969$$

$$x \text{と} y \text{の積和} \quad S_{xy} = \Sigma(x_i y_i) - \frac{(\Sigma x_i)(\Sigma y_i)}{n}$$

$$= 6769.5 - \frac{307 \times 201.9}{10} = 571.17$$

以上の結果から相関係数rを計算すると、

$$\text{相関係数 } r = \frac{S_{xy}}{\sqrt{S_{xx} \cdot S_{yy}}} = \frac{571.17}{\sqrt{1646.1 \times 436.969}} = 0.673$$

相関係数$r = 0.673$となる。

相関係数rは、$-1 \leq r \leq 1$の範囲にあり、$r = \pm 1$に近いほど「相関があり」、$r = 0$に近いほど「相関がない」ということになる(**図3.20**)。

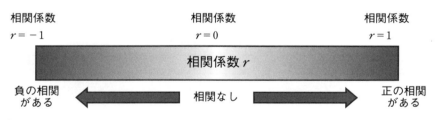

図3.20　相関係数と相関の状態

(2) 相関の有無の判定

あるスーパーマーケットの営業リサーチ部では、衣料品販売の落ち込みが顕著なため、売り場面積と売上高の関係を調べることにした。

16店舗のデータから相関係数rを計算すると、0.67になった。相関があるかどうかを確かめるのに、"無相関の検定"を行った。

❺ 相関の強さを数値で見える化する相関係数

無相関の検定は、まず、相関係数 r とデータ数から統計量 t_0 を計算する。

$$検定統計量：t_0 = \frac{r\sqrt{n-2}}{\sqrt{1-r^2}} = \frac{(相関係数)\sqrt{(データ数)-2}}{\sqrt{1-(相関係数)^2}}$$

この統計量 t_0 と、t 分布表から得られる $u(n-2, 0.05)$ の値とを比較する。

$$|t_0| = \left|\frac{r\sqrt{n-2}}{\sqrt{1-r^2}}\right| \geqq t(n-2, 0.05)$$

なら、「相関がある」、

$$|t_0| = \left|\frac{r\sqrt{n-2}}{\sqrt{1-r^2}}\right| < t(n-2, 0.05)$$

なら、「相関があるとはいえない」と判断する。

今回のケースでは、相関係数が $r = 0.67$、データ数が 16 だから、統計量 t_0 を計算すると、$t_0 = 3.379$ となる。

$$統計量：t_0 = \frac{r\sqrt{n-2}}{\sqrt{1-r^2}} = \frac{0.67\sqrt{16-2}}{\sqrt{1-0.67^2}} = 3.379$$

この値と、表 3.4 の t 分布表（$\alpha = 5\%$）を比べると、統計量の方が大きいので「相関がある」ということになる。

判定：$|t_0| = |3.379| = 3.378 \geqq t(16-2, 0.05) = 2.145$

表 3.4 相関の有無を判定する t 値

t 分布表（$\alpha = 0.05$）					
データ数 (n)	$n-2$	$t(n-2, 0.05)$の値	データ数 (n)	$n-2$	$t(n-2, 0.05)$の値
3	1	12.706	13	11	2.201
4	2	4.303	14	12	2.179
5	3	3.182	15	13	2.160
6	4	2.776	16	14	2.145
7	5	2.571	17	15	2.131
8	6	2.447	18	16	2.120
9	7	2.365	19	17	2.110
10	8	2.306	20	18	2.101
11	9	2.262	21	19	2.093
12	10	2.228	22	20	2.086

6 要因から結果を予測する回帰直線

(1) 回帰直線とは

結果と要因に相関があれば、回帰直線を引くことによって、要因の値から結果の予測値を求めることができる。これが次に示す回帰式である。

$$\hat{y}_i = \hat{\beta}_0 + \hat{\beta}_1 x_i$$

y の予測値＝切片＋回帰係数×x の値

表 3.1 の例で、売り込み時の提案状況の評価点が売上げに効くということは、散布図を書いて相関係数を計算してわかった。しかし、どれくらいの提案状況の評価点にすれば売上高の目標を達成できるのかを知りたい場合は、散布図から回帰直線を求める。

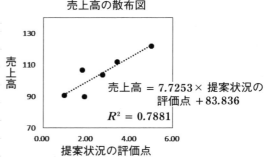

図 3.21　提案状況の評価点と売上高の回帰直線

ちょうど、おでんのつくねが落ちないように串を刺す要領で、散布図の打点の中心を通るように回帰直線を引く。回帰直線は、散布図を書いたときの提案状況の評価点と売上高のデータ表から、提案状況評価点の平方和と提案状況評価点と売上高の積和によって求める。条件として、この直線は提案状況評価点と売上高の平均値を通る（**図 3.21**）。

図 3.21 の散布図から求めた回帰直線は、

  売上高 $\hat{y}_i = 83.836 + 7.7253 \times x_i$(提案状況評価点)

となる。

この式によって、$x = 3$ と $x = 4$ のときの $\hat{y}_i$ を求めると、

  $x = 3$ のとき、$\hat{y}_i = 83.836 + 7.7253 \times 3 = 107.01$

  $x = 4$ のとき、$\hat{y}_i = 83.836 + 7.7253 \times 4 = 114.73$

となり、提案状況のランクを 1 つ上げると、売上高が $\frac{114.73}{107.01} = 1.07$ 倍、7%の売上増加が見込めることになることが予想される。

(2) 回帰直線の計算

2 つの特性値が要因と結果の関係にあり、「相関がある」と判断されたとき、要因 x の値における結果 y の直線的な関係を示したのが、回帰直線である。表 3.2 の食品売場面積について回帰直線を求めると、次のとおりである。

回帰直線は平均値 $\bar{x}$ と平均値 $\bar{y}$ の点を通る直線である。表 3.3 の補助表より求める。

$$x \text{ の平均値}: \bar{x} = \frac{(\Sigma x_i)}{n} = \frac{307}{10} = 30.7$$

$$y \text{ の平均値}: \bar{y} = \frac{(\Sigma y_i)}{n} = \frac{201.9}{10} = 20.19$$

次に、回帰直線は、$\hat{y}_i = \hat{\beta}_0 + \hat{\beta}_1 x_i$ の式で表される。この $\hat{\beta}_0$、$\hat{\beta}_1$ を求めるには、x の平方和と x と y の積和から計算する。

x の平方和:$S_{xx} = 1646.1$、x と y の積和:$S_{xy} = 571.17$

したがって、回帰式は次のとおりとなる。

回帰係数の計算:$\hat{\beta}_1 = \frac{S_{xy}}{S_{xx}} = \frac{571.17}{1646.1} = 0.347$

  $\hat{\beta}_0 = \bar{y} - \hat{\beta}_1 \bar{x} = 20.19 - 0.347 \times 30.7 = 9.536$

  回帰式:売上高 $\hat{y}_i = 9.536 + 0.347 \times$ 食品売場面積 x_i

上記の式から求められる回帰式を散布図上に引いたのが**図 3.22** である。

データ表(表3.2再掲)

店舗	食品売場面積 x	売上高 y
No.1	18	14.6
No.2	30	27.6
No.3	12	10.1
No.4	15	18.7
No.5	34	28.5
No.6	28	11.5
No.7	42	21.2
No.8	43	19.2
No.9	30	20.3
No.10	55	30.2

データ補助表(表3.3再掲)

店舗	食品売場面積 x	売上高 y	x^2	y^2	xy
No.1	18	14.6	324	213.16	262.8
No.2	30	27.6	900	761.76	828
No.3	12	10.1	144	102.01	121.2
No.4	15	18.7	225	349.69	280.5
No.5	34	28.5	1156	812.25	969
No.6	28	11.5	784	132.25	322
No.7	42	21.2	1764	449.44	890.4
No.8	43	19.2	1849	368.64	825.6
No.9	30	20.3	900	412.09	609
No.10	55	30.2	3025	912.04	1661
合計	307	201.9	11071	4513.33	6769.5

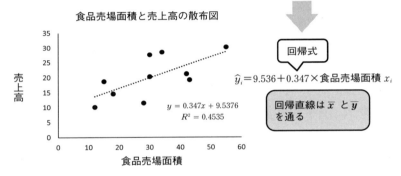

回帰式

$\hat{y}_i = 9.536 + 0.347 \times$ 食品売場面積 x_i

回帰直線は $\overline{x}$ と $\overline{y}$ を通る

図 3.22 回帰直線を記入した散布図

(3) 寄与率から結果への影響を評価

　食品売場面積が売上高に効くことはわかったが、食品売場面積が売上高にどれくらい役立っているのかを知るには、寄与率を計算する。

　寄与率を求めるには、「相関係数の二乗」を計算する。

$$（寄与率）R^2 = r^2 = (相関係数)^2$$

　売上高に対する食品売場面積の寄与率は、相関係数が $r = 0.89$ だとすれば、寄与率 $R^2 = 0.79$ となり、売上高に79%寄与していることになる。寄与率が50%以下なら、他に大きな要因が見落とされている可能性がある。

寄与率は、正確には次の式で計算される。

$$R^2 = \frac{S_R}{S_{yy}} = 1 - \frac{S_e}{S_{yy}}$$

R^2 は x と y の相関係数 r_{xy} と次の関係がある。

寄与率と相関係数の関係：$R^2 = \dfrac{S_R}{S_{yy}} = \dfrac{S_{xy}^{\ 2}/S_{xx}}{S_{yy}} = \left(\dfrac{S_{xy}}{\sqrt{S_{xx}Sy_{yy}}}\right)^2 = r_{xy}^{\ 2}$

この寄与率は全変動のうち回帰によって説明できる変動の割合であり、1に近いほど影響力が大きいということになる。この寄与率を自由度で調整した自由度調整済寄与率は、重回帰分析のときに使う（図3.23）。

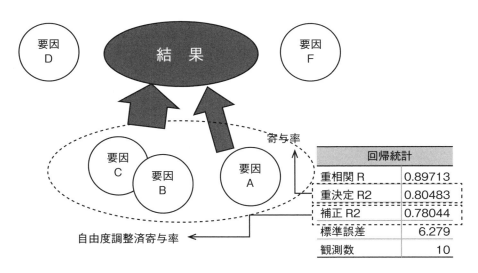

図 3.23　寄与率と自由度調整済寄与率

(4) 散布図から情報を得るポイント

1) 回帰分析で検討する

図 3.24 は、展示状況と売上高のデータから回帰分析（Excel の分析ツールを活用）を行った例である。まず、補正 R^2（累積寄与率）は展示状況が売上高にどれほど寄与しているかという評価である。ここでは、累積寄与率 =51.7% なので、売上高に展示状況が約半分影響していることがわかる。この数値が低い場合、他の影響する要因も探した方がよい、ということになる。

次に、要因から結果を予測したい場合、回帰式 $\hat{y}_i = \hat{\beta}_0 + \hat{\beta}_1 x_i$ を求める。

$$売上高\ \hat{y}_i = \hat{\beta}_0 + \hat{\beta}_1 x_i = 55.22 + 20.7 \times 展示状況評価点$$

となる。この式が使えるかどうかは、分散分析の「有意 $F < 0.05$」で確認しておく。また、回帰係数 $\hat{b}_1$ が有効かどうかは、「t 値 > 1.41」となっているかどうかを確認する。

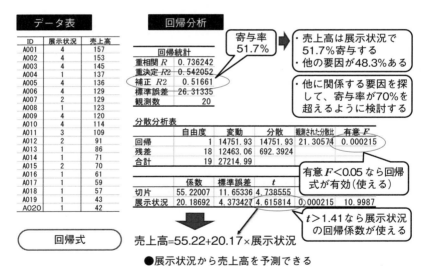

図 3.24　回帰分析からわかること

2) 飛び離れたデータがあった場合

散布図に飛び離れたデータがあった場合、このデータを入れて検討するのか、このデータを外して検討するのかを吟味して判断する(図3.25)。

図3.25の6個のデータで書いた散布図(図3.25上図)では、相関がありそうである。しかし、右上の点1つが飛び離れている。こういった場合、この点の状況が他の点と異なる集団である場合が多い。そこで、データの出所を調べたところ、Aは大型ディスカウントショップであり、B～Fまでのデータは一般のスーパーマーケットであることがわかった。

そこで、このAを除いた5点で散布図(図3.25下図)を描いてみると、相関がないことがわかった。仮に回帰直線を書いてみると、傾きが逆になった。

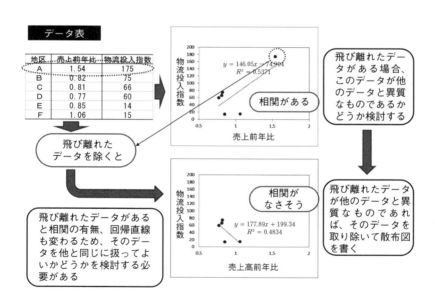

図3.25　飛び離れたデータがある場合

第3章 【見える化技術②】市場の見える化技術

7 複数要因から結果を見える化する重回帰分析

(1) 重回帰分析とは

重回帰分析とは、複数の要因から1つの結果を推測する方法である。例えば、「コンビニの売上高」に対して、要因(面積、接客態度、立地条件、明るさ)との関係度合を偏回帰係数などで調べていく方法である。

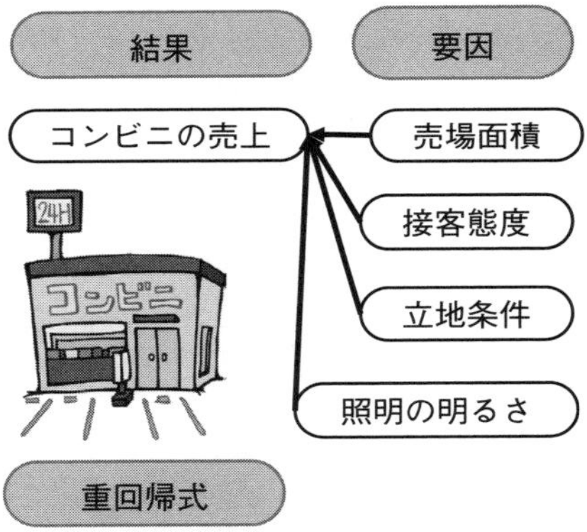

売上高	面積	接客態度	立地条件	明るさ
636	240	4.49	4.34	3.95
453	221	4.14	3.47	3.76
691	249	4.82	4.38	2.87
554	210	4.19	3.88	4.58
438	189	3.83	3.42	3.34
528	202	3.73	3.97	4.57
393	178	3.47	3.35	4.35
513	258	3.66	3.75	3.86
583	191	4.08	4.12	3.69
377	207	3.27	3.36	3.80

(売上金額) $= \hat{\beta}_0 + \hat{\beta}_1 \times$ (面積) $+ \hat{\beta}_2 \times$ (接客態度) $+ \hat{\beta}_3 \times$ (立地条件) $+ \hat{\beta}_4 \times$ (明るさ)

図3.26 コンビニ評価と売上高のデータ表

図3.26の調査結果から、何に取り組めば売上高を上げられるのか考えるときに、売上高を目的に重回帰分析を行う。解析方法は難しいが、Excelを使えば簡単に答えを出してくれる。

(2) Excelによる重回帰分析

Excelで重回帰分析を行う手順は、次のとおりである(**図3.27**)。

手順1. 結果と要因のデータ表を作成する
手順2. Excelの「データ」タブ→「データ分析」で分析ツールを起動する
手順3. 「分析ツール(A)」画面の「回帰分析」を選択する

手順 4.「回帰分析」に諸元を入力する

入力①：入力 Y 範囲(Y)：結果データをラベルも含めて入力

入力②：入力 X 範囲(X)：要因データをラベルも含めて入力

入力③：「ラベル(L)」：チェックマークを入力

入力④：「有意水準(O)」：そのままにする

入力⑤：出力先(O)：結果を出力する「左上のセル」を入力

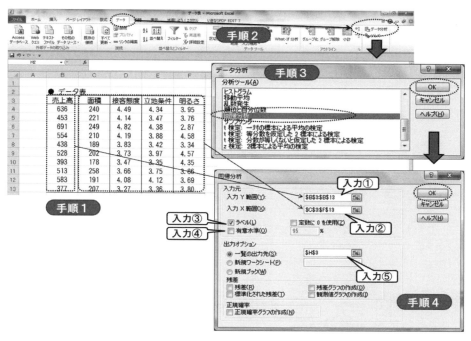

図 3.27　Excel 2010 による重回帰分析の解析手順

図 3.28 にまとめた解析結果から、次のことがわかる。

「重相関 R」=0.99 は、「売上高」と「面積」から「明るさ」までの要因群との相関係数である。この重相関係数の2乗が寄与率(「重決定 $R2$」=0.99)であり、目的である「売上高」を「面積」、「接客態度」、「立地条件」、「明るさ」の

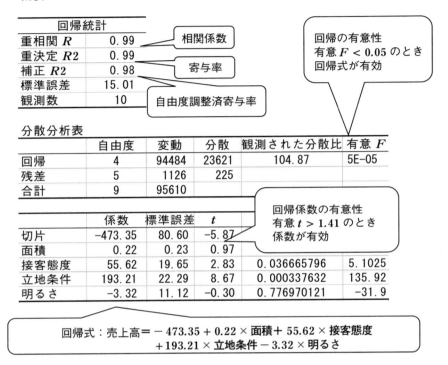

図3.28　コンビニの売上に対する重回帰分析の結果

4項目で99%説明できることになる。ただし、重回帰分析の場合、要因間に重複する要素があるため、次の自由度調整済寄与率（「補正$R2$」=0.98）を使う。ここでは補正$R2$=98%となる。

次に、分散分析表の「有意F」の値から、求めた重回帰式が意味のあるものかどうかを評価する。ここでは、「有意F」=5E－05<0.05（有意水準5%の場合）であり、求めた重回帰式は成り立つ。

「係数」の欄の数字から、重回帰式を書き出したのが次の式である。

回帰式：（売上高）＝－473.35＋0.22×（面積）＋55.62×（接客態度）
　　　　　＋193.21×（立地条件）－3.32×（明るさ）

(3) 結果の精度を上げる変数選択

この式から4つの要因に対しての売上高を予測することもできるが、「t値」が1.41より小さい要因を外して、もう一度重回帰分析を行った方が精度がよくなる。これは「変数選択」といい、精度の悪い要因を外して、解析の精度を上げる方法である。t値<1.41の要因は外す。その結果、得られた売上高の重回帰分析の結果を図3.29に示す。

変数選択後の重回帰分析から、売上高を上げるには、「接客態度」と「立地条件」が重要な要因だということがわかった。

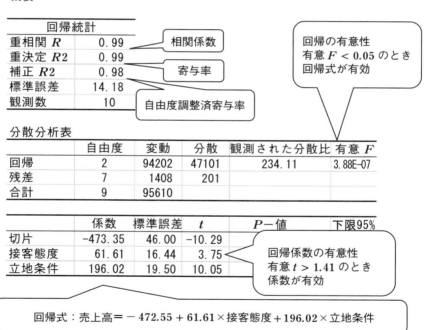

図3.29 変数選択後の重回帰分析の結果

３匹のアリが見たものは

アリ吉「昨日、草原に大きな山ができていたよ」
アリ助「いや、いや太い大木が４本も立っていた」
アリ子「長〜いツルが山の上の方からぶら下がっていたよ」
　　　３匹のアリは、草原を歩いていたときに何かをみた
　　　何を見たんだろう、仲間がわいわい騒いでいたとき
　　　１匹のミツバチがやってきて
　　　「３匹のアリが見たものは、ゾウって生物だよ」

アリ吉は、ゾウの大きな背中を見た
アリ助は、ゾウが立ったときの足を見た
アリ子は、草原の中から振られたしっぽをみた

　　　ミツバチは、空中を飛んで、ゾウの全体を見ている
　　　しかし、３匹のアリは、草原の草の間から見たものだから
　　　いろいろなものに見えたんだ

でも、３匹のアリが見た情報をまとめてみると
案外、ゾウに気が付くのかもしれない

　　　１人２人の情報からは、正確に物事を評価することはできないが
　　　多くの声を受け止めて、全体像を議論することで、
　　　案外、たやすく、迫りくる環境の変化
　　　を読み取ることができるかもしれない

第4章

【見える化技術 ③】

リスクの見える化技術

第 4 章　【見える化技術③】リスクの見える化技術

1 見えているリスクと見えないリスク

(1) 危機の構造

人々が危機状態に陥るとき、その「危機」は事前に認識されていないことが多いものである。なかなか認識しにくい「危機」も、人によっては事前に認識している場合がある。例えば、何年か前に東京で回転ドアに子供が挟まれた事故があったが、関西のある百貨店では事前にこの問題を予測し、回転ドアの反発力を低くし、人が挟まれたときドアが停止するという対策を取っていたのである。

① 危機は、まず潜在的なリスクとして存在する
② 危機の顕在化の水準は人によって異なる

危機の構造を図 4.1 に示す。リスクに取り組むとき、まず「危機」という言葉と「リスク」という言葉に遭遇する。意味合い的には「危機＝リスク」であるが、「危機感を持つ」と言うが、「リスク感を持つ」とは言わない。しかし、「危機管理＝リスク管理」とは言う。

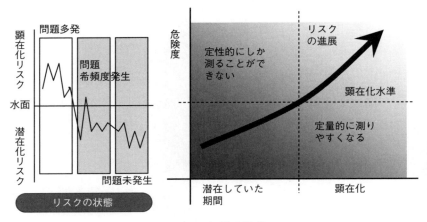

図 4.1　危機の構造

- 危　機：悪い結果が予測される危険な時・状況。あやうい状態。「―に瀕（ひん）する」、「経営―を乗り切る」
- リスク：危険。危険度。また、結果を予測できる度合い。予想どおりにいかない可能性。「―を伴う」、「―の大きい事業」

(2)　頻発する品質問題

　品質保証の整備に向けた 20 世紀後半の長年にわたる努力にもかかわらず、近年、社会や経営に大きな影響を与える品質問題や事故の発生が相次いでいる。

　このため各界においては、品質問題を基本に立ち返って見直すべきとする課題が提起されている。**図 4.2** は、2000 年以降に頻発した社会的品質の問題の一部を列挙したものである。ここでは、あらゆる産業分野で発生していることがわかる。

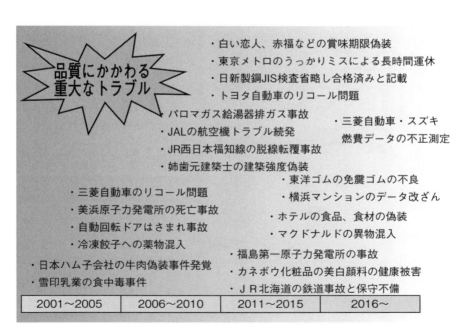

図 4.2　品質にかかわる重大なトラブル

2 隠れているリスクを見える化するリスク分析

　潜在化しているリスクを顕在化するには、まず、工程を明らかにして、単位作業ごとに不具合モードを工程 FMEA で考えていく。

　工程 FMEA で明らかになった不具合モードをリスクマトリックスで評価し、PDPC で防止策の必要性を評価する。

　特定した重要な不具合モードに対して、発生を防止する対策や発生した場合の影響緩和などをエラープルーフ化で考えていく。(図 4.3)。

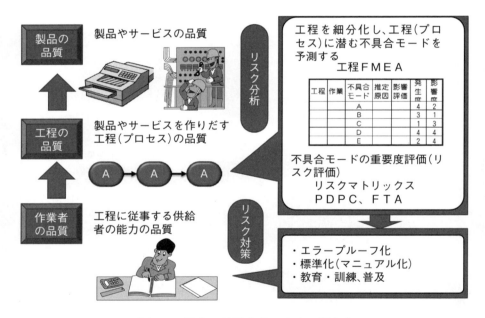

図 4.3　仕事の結果を生み出す工程と人

❷ 隠れているリスクを見える化するリスク分析

(1) リスク分析による未然防止の実施手順

リスク分析による未然防止を行うステップは、次のとおりである（図 4.4）。

Step 1. 対象業務や作業の設定：リスク分析の対象となる業務や作業を書き出す。

Step 2. リスクの洗い出し：工程 FMEA を使って、対象業務や作業の不具合モードを洗い出す。

Step 3. リスクの評価：リスクを評価するには、発生頻度と影響度のリスクマトリックスで評価する。

Step 4. リスク対応策の検討：評価の結果、「重大」となったリスクについて、PDPC でシステム防止が図られているかどうか検討する。

Step 5. リスク対策の立案と実施：エラープルーフ化、設計信頼性、保全などを検討し、実行する。

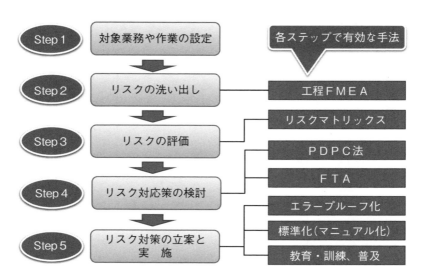

図 4.4 リスク分析による未然防止の実施手順

3 潜在的リスクを見える化する工程 FMEA

(1) 工程 FMEA とは

工程 FMEA とは、「故障モードと影響解析」のことであり、単位作業→不具合モード→システムへの影響を行い、潜在的要因を探る手法である。

図 4.5 では、ガラスの原材料を粉砕して次工程に送る工程で、ガラスの微粉炭がラインの周りに蓄積し、清掃する手間が増えてきた。そこで、この工程に起こる不具合モードを抽出するのに、工程 FMEA を活用した。

工程 FMEA を行った結果、水素排気の作業で「粉が付着する」という不具合モードが、「掃除する」、「掃除のためライン停止」が起こることが予想されるので、重要な不具合モードとして挙げている。

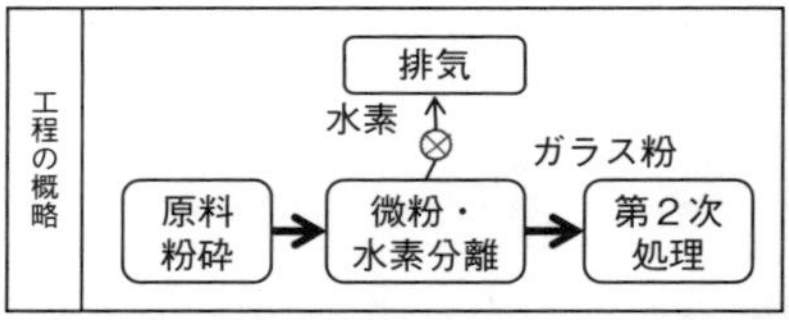

発生頻度の評価基準			影響度の評価基準		
発生頻度	ランク	基準	影響度	ランク	基準
頻繁に発生	4	絶えず経験する	致命的	4	事故災害
時々に発生	3	ときどき起こる	重大	3	機能不全
たまに発生	2	起こる可能性がある	軽微	2	機能低下
まれに発生	1	ほとんど起きない	極少	1	影響なし

工程の概略: 原料粉砕 → 微粉・水素分離（水素→排気） → ガラス粉 → 第2次処理

工程	工程 作業名	不具合	推定原因	システムへの影響			重要度評価			重要な問題
				起こりうる事象	製品への影響	工程への影響	発生頻度	影響度	重要度	
ガラス粉製造工程	原料投入	粗悪原料が混入する								
	原料粉砕	粒度ばらつきが生じる	攪拌不足	粒度不均一	不良品が発生する		1	4	4 (C)	
	水素分離	ガラス粉が混じる	フィルタ不備	汚れる		目詰まりを起こす	4	3	12 (B)	
	水素排気	粉が付着する	粉が入る	掃除する		掃除のためライン停止	4	4	16 (A)	清掃時間増 ライン停止
	ガラス粉加工	不均一になる								
	次工程へ搬出									

図 4.5 潜在的要因を予測する FMEA

(2) 工程リスクを見える化する工程FMEA

工程のリスクを見える化するには、工程FMEAを作成する。その手順は、次のとおりである（**表4.1**）。

手順1. 工程のプロセスの記入：業務フロー図やQC工程表などを参考にする。

手順2. 不具合モードの抽出：過去の作業や類似設備の不具合モードを参考にする。

手順3. 推定される原因の検討

手順4. 起こりうる事象とシステムへの影響の想定

手順5. リスク評価の実施：評価は、「発生頻度」と「影響度」を4段階で評価する。

【発生頻度】頻繁に発生：4　時々に発生：3　たまに発生：2　まれに発生：1

【影響度】致命的：4　重大：3　軽微：2　極小：1

表4.1　工程FMEAによるリスクの洗い出し

プロセス	作業	不具合モード	推定原因	起こりうる事象	システムへの影響	発生頻度	影響度
準備調整	計画との整合	計画内容から漏れる箇所発生	計画書をチェックしていない	点検しない設備がでる	未点検で故障に至る可能性大	1	4
準備調整	器材の準備	測定機器の動作確認忘れる	昨日異常なしから放置	動作不良の測定器がある	調整や取り替えで手間取る	4	2
準備調整	手順の確認	手順の確認を忘れる	作業者が変わる	手順がわからなくなる	やり直しや手間取りが発生する	1	1
点検実施	器材取り付け	点検器材の配線を間違える	チェックせずに配線する	測定できなくなる	配線のやり直しが生じる	2	3
点検実施	点検実施	点検手順を抜かしてしまう	確認していない	結果の確認ができない	点検のやり直しが発生する	3	2
点検実施	結果記録	測定値などを間違えて記載	ダブルチェックをしていない	評価が不正確になる	間違って管理され事故に至る	4	4
点検実施	後片付け	設備を元に戻し忘れる	最終確認を行っていない	設備の環境が悪化する	設備の故障が発生する	2	3
記録整理	点検記録	記録や計算を間違う	再度確認をしていない	間違った結果が残る	間違った設備管理になる	2	2
記録整理	不具合対応	不具合の対応指示を忘れる	指示票を発行していない	不具合が改修されない	設備事故に至る可能性大	1	4

4 リスクの重要度を見える化するリスクマトリックス

(1) リスクマトリックスとは

リスクマトリックスとは、リスクを発生頻度と影響度のマトリックス図に表したものである。このマトリックス図から、4つのゾーンに分けて各リスクをプロットしていく（**図 4.6**）。

ゾーン A：発生頻度が高く、影響度も大きいゾーンで「危険」領域
ゾーン B：発生頻度は小さいが、影響度が大きいゾーンで「中間」領域
ゾーン C：発生頻度は高いが、影響度は低いゾーンで「注意」領域
ゾーン D：発生頻度も影響度の低いゾーンで「安全」領域

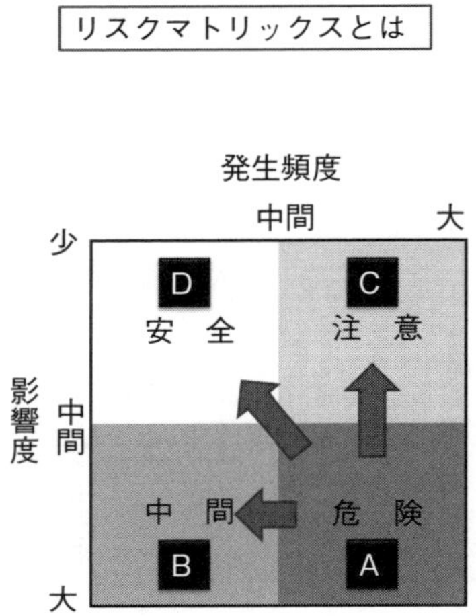

領域	領域の説明
A	発生頻度が高く、影響度も大きいゾーンで「危険」領域・このリスクは、発生頻度を抑えたり、影響度を低くする対策を講じる
B	発生頻度は小さいが、影響度が大きいゾーンで「中間」領域・ここのリスクは、影響度を小さくする対策を講じる
C	発生頻度は高いが、影響度は低いゾーンで「注意」領域・ここのリスクは、発生頻度を低くする対策を講じる
D	発生頻度も影響度の低いゾーンで「安全」領域・ここのリスクは、当面許容し、他のゾーンに移行しないか管理する

図 4.6　リスクマトリックスとは

(2) 重要度を見える化するリスクマトリックス

リスクマトリックスを作成する手順は、次のとおりである(**図 4.7**)。

手順1. リスクの発生頻度の評価：事故や危害の発生する確率や頻度を4段階で評価する。

手順2. リスクの影響度の評価：危機のひどさ・影響度を4段階で評価する。

手順3. 重要度ランクの決定：表の行と列に発生頻度と影響度をとって、マトリックス図を作成する。

このリスクマトリックスから、右下へ行くほど重大なリスクになり、左上に行くほど発生頻度が少ない安全領域になると評価できる。

影響度 \ 発生頻度	まれに発生 1	たまに発生 2	時々発生 3	頻繁に発生 4
極少 1	・手順の確認を忘れる			
軽微 2		・記録や計算を間違える	・点検手順を抜かしてしまう	・測定機器の動作確認を忘れる
重大 3		・点検器材の配線を間違える ・設備を元に戻し忘れる		
致命的 4	・計画内容から漏れる箇所発生 ・不具合の対応指示を忘れる			・測定値などを間違えて記載

【重要度】 軽微 ← | I | II | III | IV | V | → 重大

図 4.7 リスクマトリックスによるリスク評価

5 リスク対応を見える化する PDPC

重大なリスクが発生したとき、現状の防止システムで最悪の事態に至るかどうかを PDPC で検討する。

PDPC でリスク対応の検討を行う手順は、次のとおりである。

手順1. 問題の初期の状態と最悪の事態の想定：ある問題が発生したと想定し、事態が進展するルートを多数書き出し、悪い方へ進むルートに対して、それを防止する対策を考えていく。

手順2. 問題が引き起こす不具合や重大な事象の想定

手順3. 不具合や重大事象を回避できるか否かの検討

図 4.8 は、「設備点検時に測定値を間違えて記載する」という問題を取り上げて、リスク回避の検討を行った PDPC である。

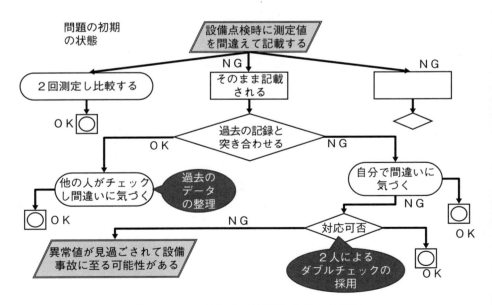

図 4.8　PDPC による回避システムの検討

6 重大事象の原因を見える化するFTA

FTA（Fault Tree Analysis）とは、事故・トラブルをトップ事象として、これに影響するサブシステムや部品の故障状態を基本事象まで展開し、発生メカニズムを探る手法である。

FTAの作成手順は、次のとおりである。
手順1. 取り上げる重大事象（トップ事象）の設定
手順2. 重大事象を基本事象までの展開
手順3. 基本事象からトップ事象まで論理ゲートを用いて結びつけ
手順4. 各基本事象の発生確率を予測し、トップ事象の発生確率の計算

図4.9は、「建物内の停電発生」をトップ事象に取り上げたFTAである。トップ事象の「建物内の停電発生」の原因を基本事象まで展開し、基本事象の発生確率からトップ事象の発生確率を求めている。

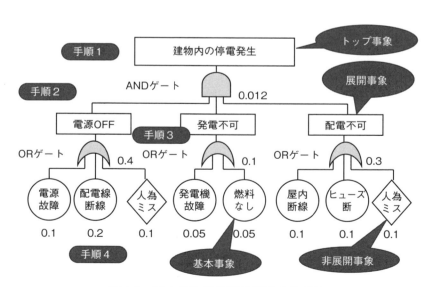

図4.9　重大事象の原因を予測するFTA

7 リスク回避を見える化するエラープルーフ化

エラープルーフ化(中條武志氏が提唱されたもの)とは、まず、エラーが発生するプロセスに着目し、エラーが起こらないようにするというものである。そのためには、作業や注意を不要にする(排除)ことが重要であるが、これが困難な場合には、人が作業しなくてもよいようにする(代替化)や、作業を人の行いやすいものにする(容易化)ことである。

さらに、エラーの影響が大きくならないように、エラーが発生したときエラーに気付く(異常検出)ようにし、発生したエラーの影響が致命的なものにならない(影響緩和)ような対策を考えていく。

図 4.10 に、エラープルーフ化の考え方と例示を示す。

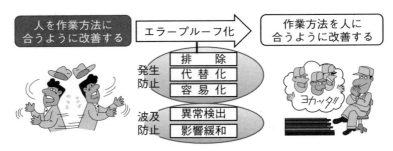

リスク	EP	リスク低減対策
測定値などを間違えて記載する	発生防止	過去のデータの整理
	影響緩和	ダブルチェックの採用
測定器の動作確認を忘れる	発生防止	測定器ボックスにチェックリストを貼り付ける
点検器材の配線を間違える	発生防止	配線の先端に色表示したキャップを取り付ける
	異常検出	

図 4.10　エラープルーフ化

また、ヒューマンエラーは、「知らなかった」あるいは「つい忘れていた」ということで起こる「単純ミス」と、「知っているがついやってしまう」ということで起こる「手順不履行ミス」の2つがある。

　「知らずに起こすエラー」に対しては、教育・訓練を実施して、まず知ってもらう。知っているが、「ついうっかり起こすエラー」については、現場の表示などが有効である。「知っているがついやってしまうエラー」に関しては、場合によっては罰則規定を設けることも視野に考える（図4.11）。

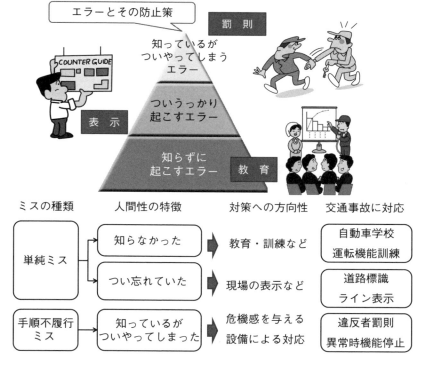

図4.11　エラーを防止する3つの対応：教育・表示・罰則

夜になると見える星

夜になると見えてくる星
夜になるとどこからか出てくるのか？
　　　いや、星は昼も夜もあるんだよ
　　　昼間は、太陽という強烈な輝きをもった星があるため
　　　星を見ることはできないんだ

夕方、太陽が西の空に沈んでいくと
一番星、明るい金星がまず見えて
　　　太陽がすっかりと西の空に沈んだ後
　　　気がつけば満天の星空になるんだ
　　　北斗七星、カシオペア座、…

今の世の中、いろいろな環境
社内での出来事、社外の出来事
いろいろなものがみなさんの日常に降りかかっている
　　　忙しい仕事に振り回されているときに見えなかったものが
　　　すこしゆとりをもって冷静に考えてみると
　　　いろいろなことに気づく
些細な問題、今は些細な問題かもしれないが
そのうち、会社を揺るがす
大きな問題に発展する問題
もある

　　すこしの間、周りの環
　　境に惑わされずに考え
　　てみることも必要なの
　　かもしれません

第5章

【見える化技術 4】
慢性不良の見える化技術

第5章 【見える化技術④】慢性不良の見える化技術

1 慢性不良を見える化するステップ

(1) 2つのステップで原因を考える

　問題の「原因を考える」には、Step 1「現状の把握」として、問題を鳥の目で見て問題の実態を把握し、重要な問題点を抽出する。

　重要な問題点がわかれば、Step 2「要因の解析」に進めていく。ここでは、4M(「人」、「機械・設備」、「材料」、「方法」)の観点から、「なぜ？なぜ？」を繰り返して原因を探し出す。

　そして、いろいろと考え出された推定原因をデータで検証し、原因を特定する(図 5.1)。

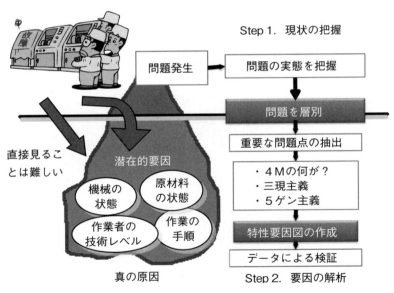

図 5.1　原因を追究する2つのステップ

(2) 問題とは

　原因を考えるに当たり、問題が何なのかを具体化する必要がある。問題が不明確であったり、誤っていると、真の問題解決にはつながらない。

　図5.2のように時間短縮を問題に取り上げたとき、まず仕事の結果である作業時間や残業時間を取り上げて、「作業時間の削減」や「残業時間の削減」を問題として設定しがちである。

　しかし、この問題をブレークダウンしてみると、時間が増え続けている問題には、「ミスや手直しが多い」、「技術力に差がある」、「問合せが多い」、「チョコ停が多い」などがあげられる。これらの問題の中で、重要と考えられる問題を取り上げる。

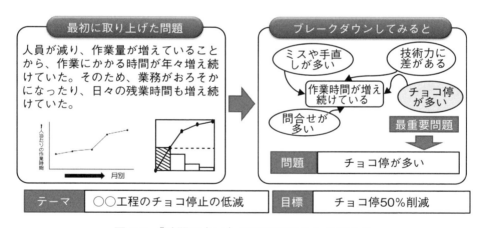

図5.2　「時間が多い」の問題を現象から考える

　また、クレームが多いからといって、「クレームが発生する」を問題にすると、どこから取り組めばいいのか迷うことになる。この場合は、製品がお客様に届くまでのプロセスを順に追って、不良製品が作られているのか、流通過程で損傷するのか、品質特性上の問題なのか、または書類の間違いなのか、具体的に取り組む問題を明確にする。

2 鳥の目で重要な問題点を見える化する現状の把握

(1) 現状の把握の実施手順

現状の把握の実施手順は、次のとおりである。

手順1．テーマに関する特性値を決める

テーマに表現されている特性値や関連する問題の特性値を洗い出す。

手順2．特性値の推移やばらつきを把握する

特性値のデータを収集し、グラフを書くことによって、特性値の特徴をつかむ。具体的には、次のようなグラフを書く。

① 過去からの変化を折れ線グラフに書く
② 他所との比較を棒グラフに書く
③ 特性値のばらつきをヒストグラムに書く

図5.3では、取付け金具の不良発生件数を層別し、不良内容別の発生件数の推移を層別グラフに表したところ、引張強度が最近、急に増えてきていることがわかった。そこで、引張強度のデータを測定し、ヒストグラムに表したところ、ばらつきが大きいことがわかった。

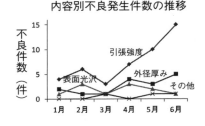
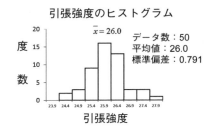

図5.3　問題の実態を把握する

手順3. 特性値を層別し、重要な問題点を抽出する

特性値を層別して問題点を絞り込む。このとき、パレート図を書いて重要な問題点を抽出する。

図5.4は、内容別不良発生件数のパレート図を書いた。「引張強度」が全体の60％を占めていることがわかり、この「引張強度」を重要な問題点として取り上げることにした。

■ 問題を層別し重要な問題点を抽出
内容別不良発生件数のパレート図

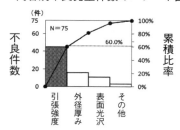

■ 現状把握でわかったこと

・層別した折れ線グラフから、引張強度が急に増えてきている。
・引張強度のヒストグラムからばらつきが大きいことがわかった。
・パレート図から「引張強度」が一番多く、60％を占めていた。

「引張強度」を重要な問題点として、原因を追究することにした。

図5.4 重要な問題点を抽出する

(2) 事実による管理

事実をデータという形で収集すれば、客観的な判断ができ、関係者が同じ認識に立てるものである。また、収集したデータを改めて眺めてみると、今まで気づかなかった微細な変化に気づくこともある。したがって、事実を客観的に評価するためにデータをとることが不可欠になる。

事実をつかむときの手順は、次のとおりである（図 5.5）。

手順 1. 現場で現物を確認し、現実を認識する
手順 2. できるだけ数値化できるもので、特性値を決める
手順 3. 解析用か管理用か検査用かなど、データをとる目的を明確にする
手順 4. 5W1H で層別した正しいデータをとる
手順 5. QC 七つ道具など QC 手法を用いて、しっかり解析する
手順 6. 考察し、正しい情報を得て、事実を確認する

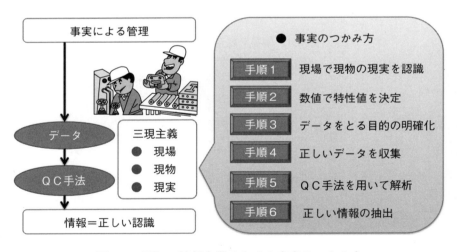

図 5.5　正しい情報を得るための事実のつかみ方

(3) 全体の状態を見るグラフ

グラフとは、互いに関連する 2 つ以上のデータの相対的関係を表す図であ

り、全体の姿から情報を得る手法である。例えば、円グラフから全体の比率がわかる。横軸に時間をとった折れ線グラフから時間による変化がわかる。棒グラフから他と比較ができる。

グラフには、以下の特徴がある。
① 目で見てわかる：数値データを点の動きや図形の大きさに置き換えることによって、全体像を把握することができる。
② 簡単に作成できる：複雑な計算や高度な知識を必要としないので、誰でも手軽に書くことができる。
③ 要点が理解されやすい：言語のように、特定の知識がなくてもわかり、誰にでも同じようにその要点を伝えることができる。

また、グラフを書く目的によって書くグラフを選択する（図5.6）。
① 折れ線グラフ：データを直線で結ぶグラフで、数値の変化を見ることができる。横軸に時間をとれば、特性値の時間的変化がわかる。
② 棒グラフ：データの値を同じ幅の棒で並べたグラフで、数量の大小を比較できる。個所別、担当者別などを比較することができる。
③ 円グラフ：データの値を全体の割合で表し、その割合を扇形の図形で表したグラフで、データの内訳を知ることができる。

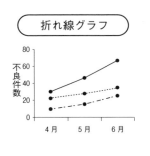
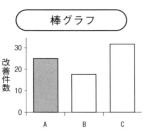
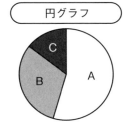

図5.6　グラフの種類

第5章 【見える化技術④】慢性不良の見える化技術

❸ 具体的なものが見える化できる層別

（1） 層別とは

　ざっくりとしたデータで問題をとらえても、どこにターゲットを絞ればよいかわからない。このとき、問題のデータを層別することによって、問題がより具体的になる。そうすれば、どこに焦点を絞って取り組んだらいいのかが明確になる。

　層別とは、データの共通点やくせ、特徴に着目して、同じ特徴を持ついくつかのグループに分けることである。層別の方法は、次のとおりである。

① 原材料：購入先、製造ロット、受入日、保管期間
② 設　備：機種、機械、型式、ライン、工場、新旧、金型
③ 方　法：作業方法、作業条件（速度、圧力、回転数など）
④ 作業者：直、班、男女、年齢、新旧、経験年数、個人
⑤ 時　間：時間、日、月、午前午後、昼夜、曜日、週、季節

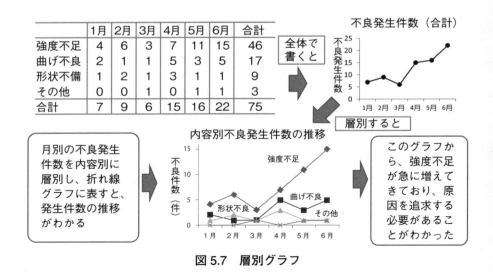

図 5.7　層別グラフ

図 5.7 は、1 月から 6 月までの不良発生件数を示したものである。この件数データから全体のグラフを書くと、不良発生件数は最近増えてきているということがわかった。

そこで、不良の内容別に層別した折れ線グラフを書いてみた。そうすると、このグラフから、「強度不足」が特に増えてきていることがわかり、原因を追求する必要があることがわかった。このようにして、データを層別すると、重要な問題点を絞り込むことができる。

(2) パレート図による重点指向

重点指向とは、いろいろある管理・改善項目のうち、特に重要と考えられる事項に焦点を絞って取り組んでいくことをいう（**図 5.8**）。

企業の経営資源（人・物・金・時間・技術など）は有限である。この有限な資源を効果的に活用し、最大の成果を得るために、重点指向の考え方が重要である。解決すべき問題に対し、「あれもこれも」という取組みではなく、「これだ！」というように、結果への影響度が大きい問題から優先的に取り組んでいくことが大切である。

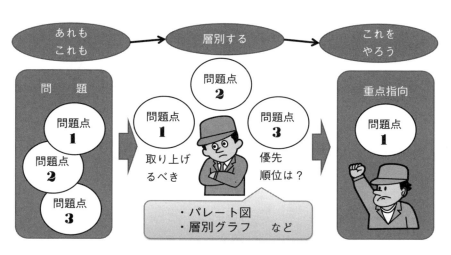

図 5.8　重点指向

第5章 【見える化技術④】慢性不良の見える化技術

　重点指向するには、問題のデータを層別し、パレート図に表す。パレート図の比率が高いものに取り組む。

　パレート図とは、問題となっている現象や原因別に層別したデータをとり、その項目の大きさを棒グラフで表した図をいう。

　パレート図を作成する手順は、次のとおりである。

手順1. グラフを正方形に書く
手順2. 左の目盛は件数、最大目盛は合計とする
手順3. 横軸は全体を項目数で分割する
手順4. 件数の大きなものから順に、棒グラフを左詰めに書く
手順5. 累積比率を折れ線グラフで書く

　図5.9は、不良の現象別に層別し、発生件数を大きなものから順に並べたデータ表を作成している。この表は、累積件数と累積件数を合計件数で割った累積比率を計算している。この表の発生件と累積比率のデータから、先ほどのパレート図作成手順に従ってパレート図を作成している。

　このパレート図からわかることは、不良発生件数のうち「寸法不良」が一番多く、全体の35.3%を占めているということである。

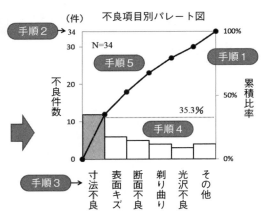

図5.9　パレート図の書き方

4 工程の状態を見える化するヒストグラム

(1) ヒストグラムとは

ヒストグラムとは、測定値の存在する範囲をいくつかの区間に分け、その区間に属するデータを集め、その度数を棒グラフで表した図であり、工程の状態を把握する手法である。

ある工場で、最近、寸法不良が増えてきたという報告があった。そのため、ここで製造される軸部品の寸法が基準を満たしているかどうか、ランダムに抜き取った50個のサンプルの寸法を測って、ヒストグラムを書いてみた。

ヒストグラムから、平均値が規格上限に偏っており、ばらつきも大きく、不良品も発生していることがわかった(図5.10)。

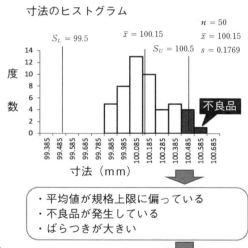

図5.10　寸法データの状態をヒストグラムで表した例

(2) ヒストグラムの作成手順

ヒストグラムを作成する手順は、次のとおりである。

手順 1. データを分ける区間を決める

区間数：$\sqrt{n}$ を計算し、整数値になるよう四捨五入する

区間幅：区間の幅＝(最大値－最小値)／区間数　測定単位の整数倍に四捨五入する

区間域：下側境界値＝最小値－測定単位／2 とする

　　　　上側境界値＝下側境界値＋区間幅とする

手順 2. 度数表を作成する

手順 3. ヒストグラムを作成する

手順 4. 平均値と標準偏差を計算する

手順 5. ヒストグラムの形から工程の状態を判断する

図 5.11 のヒストグラムから、ばらつきが大きいことがわかる。

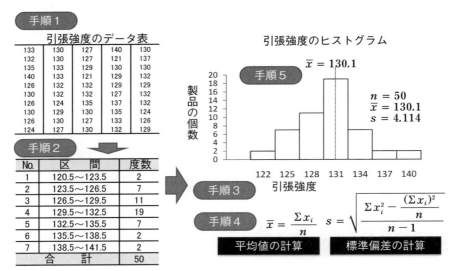

図 5.11　ヒストグラムの書き方

(3) ヒストグラムの見方

ヒストグラムから工程を把握するには、1つの山単位で見る。そのため、作成したヒストグラムの形から層別やデータの修正などを行う（図 5.12）。

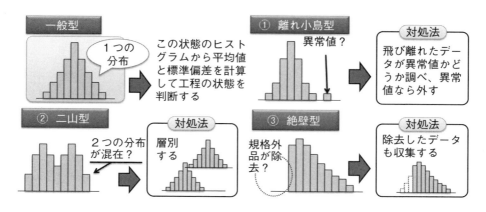

図 5.12　ヒストグラムの形と対処方法

データの幅と規格の幅を比較する。ヒストグラムに規格値を記入することによって、工程能力が技術的な要求を満足しているかどうかを知ることができる（図 5.13）。

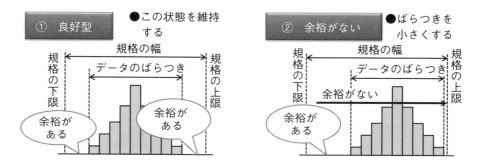

図 5.13　ヒストグラムに規格値を記入

(4) 平均値と標準偏差の計算

平均値と標準偏差は、分布の状態を数値で表したものであり、平均値は分布の中心を表し、標準偏差は分布のばらつきを表す。

表 5.1 に引張強度のデータ表を示す。

表 5.1 引張強度のデータ表

x	x^2	x	x^2	x	x^2	x	x^2	x	x^2
133	17689	130	16900	127	16129	140	19600	130	16900
132	17424	130	16900	127	16129	121	14641	137	18769
135	18225	133	17689	129	16641	130	16900	130	16900
140	19600	133	17689	121	14641	129	16641	132	17424
126	15876	132	17424	132	17424	129	16641	129	16641
130	16900	132	17424	132	17424	127	16129	132	17424
126	15876	124	15376	135	18225	137	18769	132	17424
130	16900	129	16641	130	16900	135	18225	124	15376
126	15876	130	16900	127	16129	133	17689	126	15876
124	15376	127	16129	130	16900	132	17424	129	16641

データの合計値：$\Sigma x_i = 6{,}506$　（データ）^{2} の合計値：$\Sigma x_i^2 = 847{,}390$

1) 平均値の計算

平均値は、データの中心的傾向を表す一つの尺度であり、データの総和をデータの数で割ったものである。データの数を n、データを x_1、x_2、…、x_n とすると、平均値 $\bar{x}$ は次の式で表される。

$$平均値：\bar{x} = \frac{\Sigma x_i}{n} = \frac{6{,}506}{50} = 130.1$$

$n = 50$ 個のサンプルの引張強度の平均値は、130.1kg/mm^2 となる。

2) 標準偏差の計算

標準偏差とは、各データと平均値との差の平均値であり、データのばらつきの大きさを見る値である。標準偏差を求めるには、平方和を求めることから始める。平方和は、各々のデータと平均値との差の 2 乗の和である。平方和 S

は 829.28 となる。

$$\text{平方和} : S = \Sigma x_i^2 - \frac{(\Sigma x_i)^2}{n} = 847{,}390 - \frac{6{,}506^2}{50} = 829.28$$

データ数が多くなると平方和 S が大きくなるので、データの数とは関係しないばらつきの尺度として、分散を用いる。分散は、平方和を(データ数 − 1)で割った値である。

ここでの分散 V は 16.924 となる。

$$\text{分散} : V = \frac{S}{n-1} = \frac{829.28}{50-1} = 16.924$$

標準偏差は、分散を $\sqrt{}$ で開いた値である。ここでの標準偏差 s は 4.114 となる。

$$\text{標準偏差} : s = \sqrt{V} = \sqrt{16.924} = 4.114$$

先ほど作成した引張強度のヒストグラムの右上にデータ数、平均値、標準偏差を記入している(**図 5.14**)。

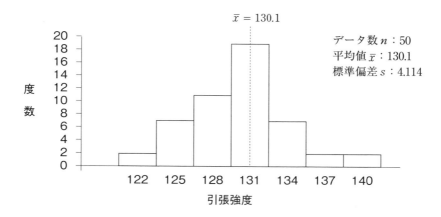

図 5.14　引張強度のヒストグラム

第5章 【見える化技術④】慢性不良の見える化技術

5 虫の目で原因を見える化する要因の解析

(1) 要因の解析の実施手順

製品やサービスといった仕事の結果は、その仕事に従事している人たちの能力と作業のやり方によって生み出される。さらに、機械(製造システム)の状態や原材料の良否も影響してくる。

問題が発生している場合、この4つのどこかに不具合が発生していることが多いものである。仕事の結果としての問題をコントロールすることはできないが、プロセスである人の能力、機械の状態、原材料の良否、仕事のやり方に対しては、コントロールすることができる。したがって、問題を解決するには、これらのプロセスを明らかにしていくことが重要なキーとなる。

これらのプロセスを明らかにしていくには、問題の原因を4M(Man：人、Machine：機械、Material：材料、Method：方法)で層別して原因を考えていき、事実のデータで真の原因を特定する(図5.15)。

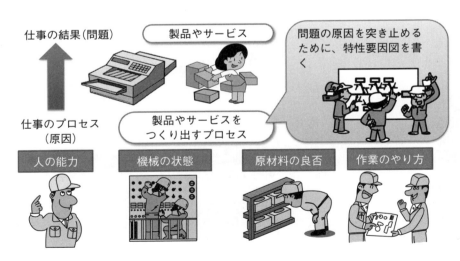

図5.15　真の原因を4Mで考える

(2) なぜ？なぜ？と"原因を考える"

　問題が明確になれば、その原因をなぜ？なぜ？と考えて追求する。問題発生の事実を、周辺事実と関連づけながら、「なにが」、「いつ」、「どこで」、「どの程度」、「どんな傾向で」なのかを関係者で議論する。

　その結果を特性要因図に表し、三現主義と5ゲン主義の考え方で、真の原因を特定していく(図5.16)。

　なぜ？なぜ？と考えるポイントは、次のとおりである。

① 発生した現場および現物の状況をつぶさに調べあげる。

② 層別して、4Mの観点から「なぜ？」を考える。

③ その結果を特性要因図に表す。

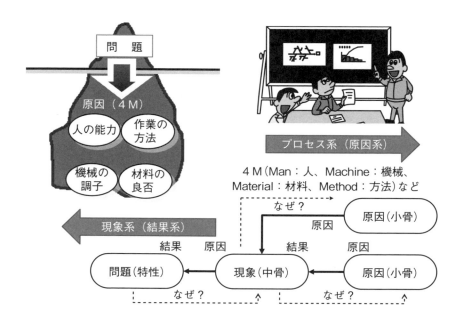

図5.16　原因追究のポイント

(3) 三現主義と5ゲン主義

三現主義とは、問題が発生した「現場」へ行って、「現物」を見て、「現実」を知るということで、この3つの「現」をとって名づけられた。

① 現場とは、「どこで」問題が起きているのかを意味する。
② 現物とは、それが「どの工程や製品に」起きているのかを意味する。
③ 現実とは、それが「どんな状況になっているのか」を意味する。

また、三現主義に「原理」と「原則」を加え、3つの現と2つの原を組み合わせると「5ゲン主義」という。

三現主義で状況をしっかり把握し、その把握した事実を原理・原則に照らして5ゲン主義で見てみると、原因が浮き彫りになる（**図5.17**）。

④ 原理とは、事象や事象の認識を成り立たせる根本となる仕組みである。
⑤ 原則とは、多くの場合に当てはまる基本的な規則や法則である。

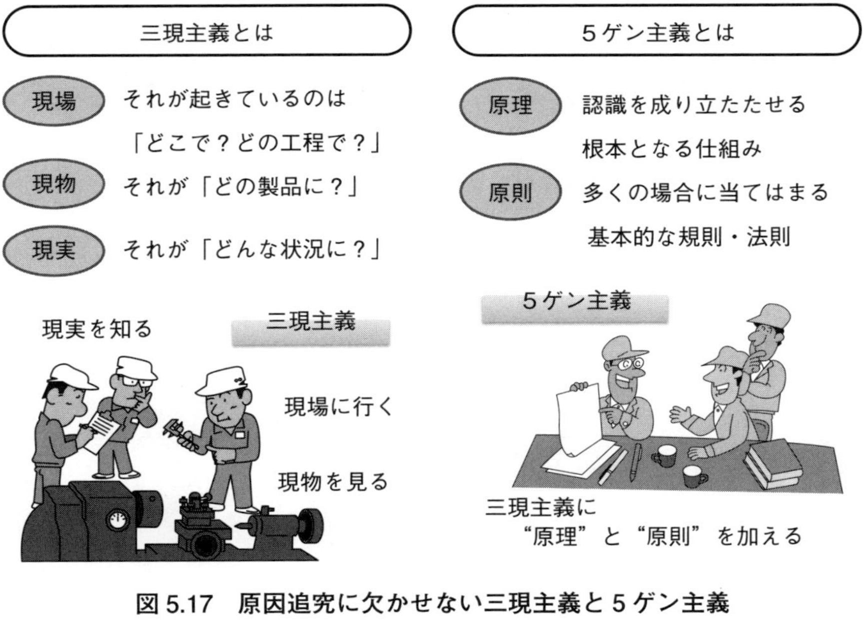

図5.17 原因追究に欠かせない三現主義と5ゲン主義

(4) 特性要因図の作成手順

特性要因図とは、結果（特性）と原因（要因）との関係を表した図であり、それぞれの関係の整理に役立ち、原因を抽出する手法のことである。

特性要因図を使って問題の原因を見つけるには、問題を右端に書き、問題の原因を4Mで層別した大骨ごとに「なぜ？なぜ？」を繰り返して原因を追究する。

特性要因図の作成手順は、次のとおりである。

手順1. 取り上げる問題を決める

取り上げる問題は、前述のパレート図で抽出した問題点などである。

手順2. 大骨を4M（Man：人、Machine：機械、Material：材料、Method：方法）で設定する

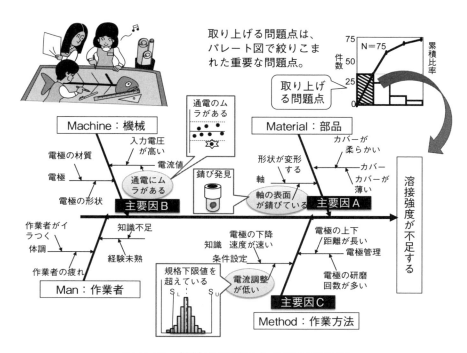

図5.18 特性要因図による原因の追究

第5章 【見える化技術④】慢性不良の見える化技術

手順3. なぜ？なぜ？と考えて、中骨、小骨の要因を洗い出す

大骨ごとに「なぜ？」と考えて、中骨を各2～3出す。すべての大骨に中骨が入った後、中骨ごとに2～3の小骨を出していく（図5.18）。

手順4. 三現主義を活用して、重要な要因のあたりをつける

これが"主要因"である。

手順5. 5ゲン主義とデータ解析で主要因の検証を行う

データで確認できれば、原因として特定する。

図5.18は、「溶接強度が不足する」という問題に対して作成された特性要因図である。4Mの大骨ごとに2つの中骨を出し、その中骨ごとに2つ小骨を出している。小骨の中から3つの要因「軸の表面が錆びている」、「通電にムラがある」、「電流調整が低い」を主要因として選んでいる。この3つの主要因に対して、現物の確認やデータを測定して原因であることを確認している。

「特性要因図」のルーツ

特性要因図は、1951年に原因を議論するのに使ったのが始まりだといわれている。

故石川馨博士が、1963年の仙台QCサークル大会特別講演において次のように述べている。『ちょうどいまから12年前にはじめてこれ（特性要因図）を現場で使ってみました。神戸の川崎製鉄の葺合工場でみんな議論ばかりしていて原因が多く、思想統一がされていない。当時、工場長をやっておられた桑田さんやQC推進者の蒲田君などと相談して、みんな口で議論しているばかりでなく特性要因図を作ってみようじゃないかというので全工場で作ってみたわけです。ところが非常に効果がありました』

（出典：『現場とQC』、日本科学技術連盟、No.7、1963年）

(5) 特性要因図の活用

特性要因図で原因を探求するには、次のステップで行う(**図 5.19**)。

Step 1．会議室などで特性要因図を作成する

まず、問題の原因を関係者が集まって、考えられる要因を書き出す。その結果を特性要因図に記入する。

Step 2．特性要因図を現場に持って行き、確認する

特性要因図を現場へ持って行き、現物を確認し、関係者の意見などを聞く。その結果を特性要因図に記入する。

Step 3．特性要因図を書き直し、データを収集して、主要因の検証を行う

現場で発生した事実やデータで主要因の検証を行った結果を特性要因図に記入する。現場の実態を映した写真などを貼り付けるのも1つの方法である。

図 5.19　特性要因図を有効に活用するには

❻ 原因を見える化するデータによる要因の検証

　前述の特性要因図から原因と思われる要因を抽出する。これが主要因である。この主要因をデータで検証することによって原因として特定する。
　主要因の検証とは、問題点と主要因との関係をデータで検証することである。この主要因が問題点を発生していることが事実のデータで確認できれば、その主要因が「原因」として特定される。

　①　グラフによる検証

　主要因の特性値を測定し、横軸に時間を取った折れ線グラフを書くことによって、特性値に増加傾向や、周期性があった場合、その主要因が原因となる。

　図5.20では、「電気抵抗値が低い」という問題に対し、「潤滑油の注入量」という主要因を検証するにあたり、月別の潤滑油の注入量をグラフに表した。その結果、潤滑油の注入量が最近増えてきており、これを原因として特定している。

　②　散布図による検証

　主要因と問題点の組になった特性値を測定すれば、散布図を書いて相関関係が強ければ、その主要因が問題点の原因となる。

　図5.20では、実験を行い、炭素含有量と電気抵抗値の散布図を作成している。この結果、炭素含有量と電気抵抗値は相関があることがわかり、原因と特定している。

　③　パレート図による検証

　人による意識や状態の問題であれば、大骨内の要因をアンケートなどからデータを測定し、パレート図を書いて、主要因が真の原因であるかどうかを検証できる。

　図5.20では、作業者の疲れ具合などのアンケートを行い、結果をパレート

図に表した。その結果、「疲れ」が多く、55%を占めていることがわかり、原因であることを特定している。

④ **ヒストグラムによる検証**

主要因の特性値のデータを測定し、ヒストグラムを書いてみる。特性値のばらつきが大きなものほど、その主要因は真の原因に近いことがわかる。

図5.20では、加熱温度のデータをとって、ヒストグラムを作成している。その結果、加熱温度のばらつきが大きいことがわかり、これも原因として特定している。

図5.21は、現状の把握で抽出した「引張強度がばらつく」という問題点の特性要因図を書いて、要因を洗い出した。そして、でき上がった特性要因図を現場に持って行き、現場を観察し、関係者の聞き込みを行った結果を図に記入していった。

そして、3つの主要因を引き出し、各主要因について、データによる検証を行って、原因を特定している。

第 5 章 【見える化技術④】慢性不良の見える化技術

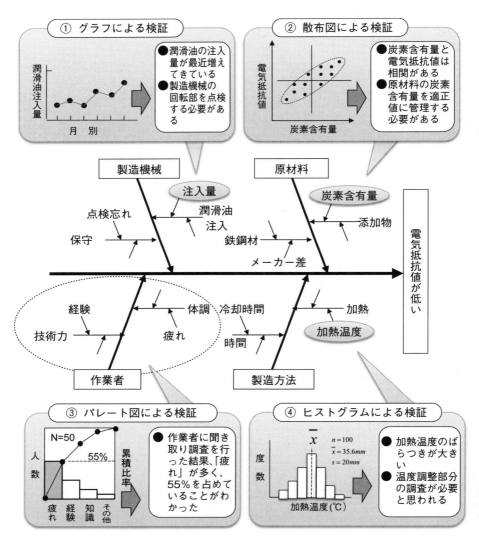

図 5.20　要因の検証

6 原因を見える化するデータによる要因の検証

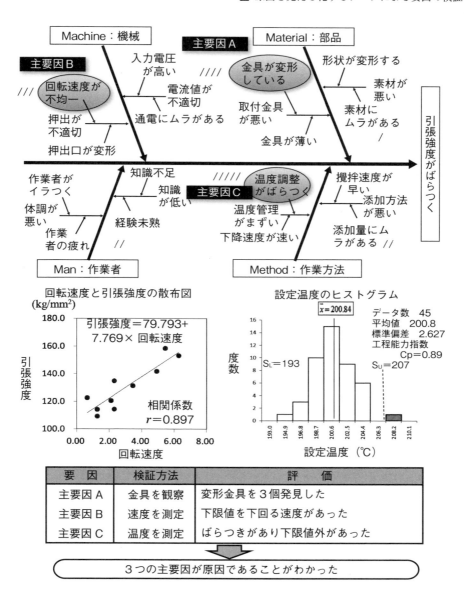

図 5.21 要因の検証例

7 2つの特性値の関係を見える化する散布図

(1) 散布図とは

散布図とは、2つの対になったデータ x と y との関係を調べるため、x と y の交点を「・」でプロットし、この点の散らばり方から2つの対になったデータ間の関係を把握する手法である。

散布図の作成手順は、次のとおりである。

手順1． 2つの組になったデータ (x, y) を集める

手順2． 2軸を設定する

結果と要因のデータなら、結果を縦軸に、要因を横軸に設定する。

手順3． 縦軸と横軸の目盛の幅は、データの最大値と最小値の間にする

手順4． 点「・」をプロットし、相関の有無を判定する

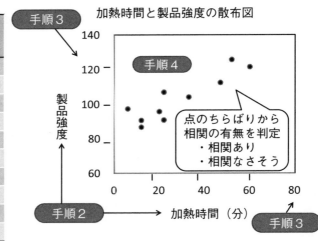

図 5.22　散布図の作成手順

横軸が増えると縦軸が増える右肩上がりの場合、正の相関があるといい、逆に右肩下がりの場合、負の相関があるという。点の散らばりがボールのように丸くなれば、相関がないという。

図5.22は、加熱時間と製品強度の関係を表した散布図である。この散布図から、点が右肩上がりになっている、すなわち、加熱時間と製品強度に正の相関があることがわかった。

(2) 散布図の活用

散布図にプロットされている点の集団から、2つの特性の相関を読み取る。右肩上がりなら正の相関、右肩下がりなら負の相関であり、漠然としていれば相関がないと判断する(図5.23)。

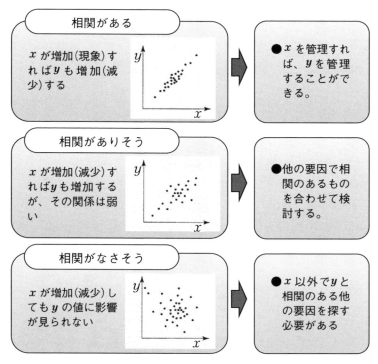

図5.23 相関関係の検討

コラム5　「3」は大きいか？　小さいか？

「「3」は大きいか？小さいか？」、みなさんに聞いてみました。
　　　　ある人「小さいよね」
　　　　隣にいた人「そうかなあ？」「やっぱり小さいよね」
　　　　大半の人が「小さい」と答えました。
確かに、「3」という数字から連想されるものに、
「3歳児」など小さいイメージを連想してしまう。

しかし、次にこんな質問をしてみました
「1」と比べて「3」は小さいか？　大きいか？
　　　　全員声を揃えて「大きい」と自信を持って答えました。

そうなんです。
事の大小は、比較です。
評価する対象物に比較する基準があれば、
容易に大小を判断することができます。

　　　　今の仕事が「よい」のか「悪い」のか悩んでしまうことがあります。
こんなとき、今の仕事の状態を他と比較してみよう。
比較するものは、目標値、去年の実績、他所、他人……
その結果、気づかなかった「問題」を見つけることができます。
　　　　「現状」と「理想」との差、これが問題です。

第6章

【見える化技術 5】
最適設計の見える化技術

第6章 【見える化技術⑤】最適設計の見える化技術

1 最適値を見える化する実験計画法

(1) 実験計画法とは

　実験計画法とは、実験の際の測定対象となる特性がもつ性質を調べたり、特性を改善する方策を見つけたりする手法である。

　特性に影響を及ぼしている要因にはいろいろと考えられる。このとき、どの要因が特性に影響を与えているのか、もし影響を与えているならその要因をいくらにすると特性がよくなるのか、そのときの特性値はいくらになるのかなど、要因と特性との関係を明らかにする必要がある。そのためには要因をいろいろと変化させてデータをとり、解析することになる（図6.1）。

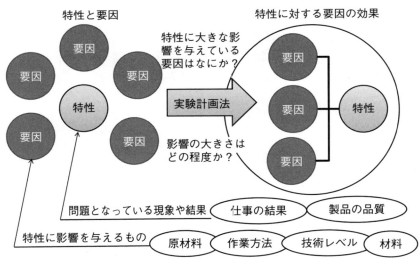

図6.1　実験計画法とは [2)]

代表的な実験計画法には、一元配置実験、二元配置実験などがある。また、3つ以上の要因を取り上げると実験回数が多くなるため、効率的な実験を計画する直交配列表実験がある。

さらに、実験が同一環境で実施できない場合、環境条件による効果を分離させて、本来の要因の効果を解析する乱塊法実験、因子の水準が変更できない場合、ある水準を固定してランダムに実験を行う分割法実験がある（**図 6.2**）。

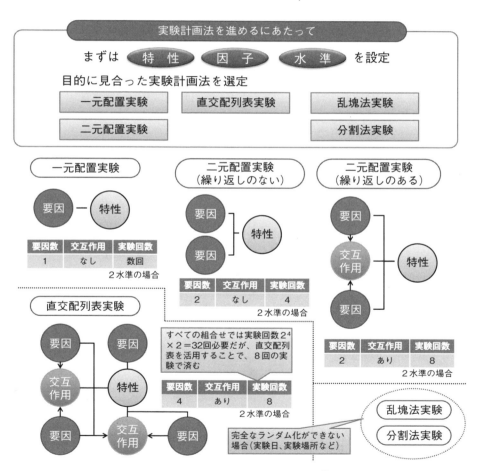

図 6.2　いろいろな実験計画法[2]

2 品質特性の要因を見える化する特性要因図

　実験計画法は、精度の高い結果を効率的に得られるようなデータの採取方法を計画し、その適切な解析結果を与えるものである。

　特性とは、製品のもっている機能や特徴を数値で表した品質指標である。寸法や重量、強度などの力学的特性や、耐電圧や抵抗値などの電気的特性、酸性度や水分含有率などの化学的特性などが挙げられる。

　要因とは、これらの特性に影響がある、または影響がありそうなものをいう。特性となる品質は、仕事のプロセスによって作り込まれる。このプロセスの各要素が要因である。仕事のプロセスには、通常次の4つが考えられる。

① その仕事に従事する人たちのレベル（人：Man）
② 製造する機械や業務を進める処理システム（機械：Machine）
③ 取り扱う原材料や書類（材料：Material）
④ その仕事のやり方（方法：Method）

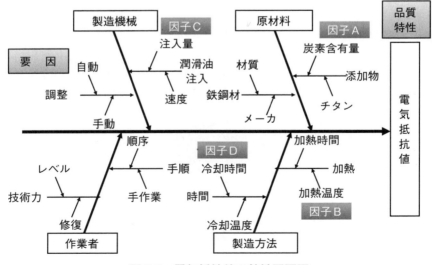

図6.3　電気抵抗値の特性要因図

この 4 つの頭文字、Man（人）、Machine（機械）、Material（材料）、Method（方法）をとって「4M」という。特性に影響のありそうな要因を抽出するとき、特性要因図を活用すると抜けがなく、要因の整理ができる。

特性要因図は、結果としての品質特性と、その品質を作り込む要因の関係を表した図である。学名は、「Cause and effect diagram、Ishikawa diagram」であるが、その形が魚の頭に骨を付けたものに似ていることから、「フィッシュボーン、Fishbone（魚の骨）diagram」と呼ばれるようになり、各要因を「大骨」、「中骨」、「小骨」と呼ぶようになった。

図 6.3 では、電気材料を製造している現場で、その材料の電気抵抗値が問題となった。そこで、特性を「電気抵抗値」に設定し、電気抵抗値に影響するまたは影響が予想される要因を 4M で検討した。ここでの 4M とは、「原材料」、「製造機械」、「作業者」、「製造方法」である。これが大骨である。この大骨ごとに「中骨」、「小骨」と展開して作成された特性要因図である。

この図から、炭素含有量、鋼材メーカー、潤滑油注入量、調整方法、加熱温度、冷却時間、作業手順、技術レベルなどが要因であることがわかった。これらの要因の中から実験に使う要因を「因子」とよび、ここでは、因子 A「炭素含有量」、因子 B「加熱温度」、因子 C「注入量」、因子 D「冷却温度」を設定している。

なお、実験計画法で使われる用語を表 6.1 に示す。

表 6.1　実験計画法で使われる用語

用　語	説　　　　明
特　性	結果として現れる製品の品質
要　因	結果に対し影響がある、またはありそうなもの
因　子	実験に取り挙げる要因
水　準	実験を行うにあたって因子の設定した条件
繰り返し	同じ条件で繰り返して行う実験
主効果	取り上げた因子のもたらす影響
交互作用	複数の因子の組合せで発生する効果

第6章 【見える化技術⑤】最適設計の見える化技術

3 複数要因の効果を見える化する直交配列表実験計画の設計

(1) 特性の設定と取り上げる因子と水準の設定

実験における測定対象を特性といい、要因のうち実験で取り上げるものを因子という。実験計画法では、どの因子が特性に影響を及ぼすか、因子をどのように設定すると特性を高めることができるかなどを調べるために、データを計画的にとって解析を行う。このとき、取り上げた因子の条件を変えて実験を行い、特性値を測定する。

設定した条件のことを水準という。因子が特性に与える効果には、各因子の水準が変わることで生じる主効果と、複数の因子の組合せによって生じる交互作用があり、これらを合わせて要因という(図 6.4)。

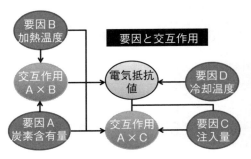

図 6.4 直交配列実験計画の設計

(2) 直交配列表による実験計画

　一部の水準組合せで実験を行う場合でも、他の要因効果が相殺されるように水準組合せを決めることができれば、必要な要因効果を求めることができる。つまり、2水準因子の場合、任意の2つの因子の水準組合せは(1, 1)、(1, 2)、(2, 1)、(2, 2)の4通りがあるが、これらが同じ回数現れるように実験すればよいことになる。この性質を満たすような組合せを表にしたものが直交配列表であり、2水準因子に対して作られた表を2水準系直交配列表という。

　図6.5では7つの列があり、各列には1と2がそれぞれ4回ずつ現れる。さらに、どの2つの列の組合せを見ても、(1, 1)、(1, 2)、(2, 1)、(2, 2)は2回ずつ現れる。8通りの水準組合せでは、最大で7つの列をとることができることから、この表を$L_8(2^7)$という。各列を7つの8次元ベクトルと見ると、これらのベクトルは互いに直交していることから、直交配列表という。

　ここでは、適切な電気抵抗値を得るための最適な水準を求めることにした。

　そこで、4つの因子（A：炭素含有率、B：加熱温度、C：注入量、D：冷却温度）を取り上げて、各2水準を設定し、$L_8(2^7)$直交配列表に配列することにした（図6.5）。

No.	[1]	[2]	[3]	[4]	[5]	[6]	[7]
1	1	1	1	1	1	1	1
2	1	1	1	2	2	2	2
3	1	2	2	1	1	2	2
4	1	2	2	2	2	1	1
5	2	1	2	1	2	1	2
6	2	1	2	2	1	2	1
7	2	2	1	1	2	2	1
8	2	2	1	2	1	1	2
成分	a		a		a		a
		b	b			b	b
				c	c	c	c

目的
適切な電気抵抗値の最適水準を求める

特性
　電気抵抗値
因子
　A：炭素含有量
　B：加熱温度
　C：注入量
　D：冷却温度
水準
　2水準

図6.5　$L_8(2^7)$直交配列表

（3） 主効果と交互作用の割り付け

　主効果と交互作用の関係を表したものが線点図である。この線点図は、主効果を点で、交互作用を線で表したものである。実験で取り上げる要因に対して必要な線点図と同じ構造を、用意された線点図に見つけることができれば、その直交配列表を使って要因を割り付けることができる。

　4つの2水準因子（A、B、C、D）を取り上げ、それらの主効果と2つの交互作用（A×B、A×C）を調べる実験を計画してみる。6つの要因効果を調べるので、7列以上が必要になるため、$L_8(2^7)$ 直交配列表を用いる。

　用意された線点図への当てはめを考える。このとき、因子 A を第[1]列、因子 B を第[2]列、因子 C を第[7]列、因子 D を第[4]列に割り付け、2つの交互作用は A×B が第[3]列、A×C が第[6]列に現れる。誤差は、第[5]列に現れる（図 6.6）。

No.	[1] A	[2] B	[3] A×B	[4] D	[5]	[6] A×C	[7] C	水準 組合せ	データ
1	1	1	1	1	1	1	1	$A_1B_1C_1D_1$	70
2	1	1	1	2	2	2	2	$A_1B_1C_2D_2$	77
3	1	2	2	1	1	2	2	$A_1B_2C_2D_1$	87
4	1	2	2	2	2	1	1	$A_1B_2C_1D_2$	66
5	2	1	2	1	2	1	2	$A_2B_1C_2D_1$	94
6	2	1	2	2	1	2	1	$A_2B_1C_1D_2$	84
7	2	2	1	1	2	2	1	$A_2B_2C_1D_1$	66
8	2	2	1	2	1	1	2	$A_2B_2C_2D_2$	71

図 6.6　主効果と交互作用の割り付け

4 最適値を見える化する直交配列表実験計画の解析

(1) データの整理

各列で第 1 水準と第 2 水準の合計を計算して、列平方和を求める。

第[1]列の場合の計算は、次のとおりである。

① 第 1 水準の合計 =(データ表№1～4 の合計) = 70 + 77 + 87 + 66 = 300
② 第 2 水準の合計 =(データ表№5～8 の合計) = 94 + 84 + 66 + 77 = 321
③ 差 = 第 1 水準の合計 − 第 2 水準の合計 = 300 − 321 = −21
④ 平方和 = 差^2/ データ数 = $(-21)^2/8$ = 55.1

また、交互作用を調べるために二元表 (A_iB_j、A_iC_k) にまとめる。

⑤ 二元表(A_iB_j)のA_1B_1=データ№1+ データ№2= 70 + 77 = 147

以下、同様に計算する(表 6.2)。

表 6.2 電気抵抗値のデータ表

No.	炭素含有量 [1] A	加熱温度 [2] B	A×B [3] A×B	冷却温度 [4] D	[5]	A×C [6] A×C	注入力 [7] C	電気抵抗値 データ
1	1	1	1	1	1	1	1	70
2	1	1	1	2	2	2	2	77
3	1	2	2	1	1	2	2	87
4	1	2	2	2	2	1	1	66
5	2	1	2	1	2	1	2	94
6	2	1	2	2	1	2	1	84
7	2	2	1	1	2	2	1	66
8	2	2	1	2	1	1	2	77
第 1 水準の和 T1	300	325	290	317	318	307	286	621
第 2 水準の輪 T2	321	296	331	304	303	314	335	
差	−21	29	−41	13	15	−7	−49	
平方和 S	55.1	105.1	210.1	21.1	28.1	6.1	300.1	

第 6 章 【見える化技術⑤】最適設計の見える化技術

このデータ表から交互作用を取り上げた AB 二元表と AC 二元表を作成する（**表 6.3**）。

表 6.3　二元表

■ AB 二元表

	B1	B2
A1	147	153
A2	178	143

■ AC 二元表

	C1	C2
A1	136	164
A2	150	171

表 6.2 と表 6.3 のデータ表からグラフを作成すると、**図 6.7** になる。

図 6.7 からわかることは、因子 A、因子 B、因子 C は効果がありそうである。因子 D は、効果があるとは思えない。また、交互作用 A×B は交互作用があるが、交互作用 A×C はないように思われる。

このように実験計画の解析を進めるにあたって、まずグラフを書いてみる。視覚的に因子の効果や交互作用の有無が推測できる。

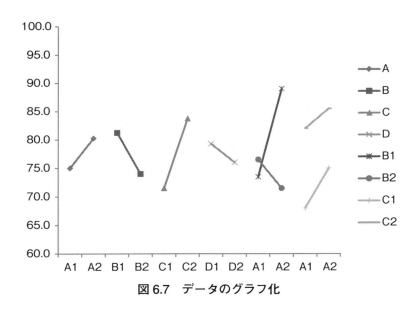

図 6.7　データのグラフ化

(2) 分散分析表の作成

次に、各平方和を計算する。要因の割り付けられた列の列平方和が要因平方和となる。自由度は(水準−1)とし、分散を計算する。

各因子の分散を誤差の分散で割った値が分散比 F_0 となる。

因子 A の場合の計算は、次のとおりである。

① 平方和 S_A = 第[1]列の平方和 = 55.1
② 自由度 ϕ_A = 水準 $-1 = 2-1 = 1$
③ 分散 V_A = 平方和 S_A/自由度 ϕ_A = 55.1/155.1
④ 分散比 F_0 = 分散 V_A/誤差分散 V_e = 55.1/28.1 = 1.96
⑤ F_0 境界値 = $F(\phi_A, \phi_e : \alpha) = F(1, 1 : 0.05) = 161.4$

以下、同じように因子 B、因子 C、因子 D、交互作用 A×B、交互作用 A×C、誤差 E を計算し、分散分析表にまとめる。

表 6.4 の分散分析表によると、すべて有意ではないが、因子 A、因子 B、因子 C、交互作用 A×B の分散比 F_0 値が 2.00 以上あることから、無視しないことにした。因子 D(F_0 値 =0.75)と交互作用 A × C(F_0 値 =0.22)は、2.00 より小さいので無視することにした。

表 6.4 分散分析表

■分散分析表

要因	平方和 S	自由度 ϕ	分散 V	F_0 値	P 値	F 境界値
因子 A	55.13	1	55.1	1.96	39.5%	161.4
因子 B	105.13	1	105.1	3.74	30.4%	161.4
因子 C	300.13	1	300.1	10.67	18.9%	161.4
因子 D	21.13	1	21.1	0.75	54.5%	161.4
交互作用 A×B	210.13	1	210.1	7.47	22.3%	161.4
交互作用 A×C	6.13	1	6.1	0.22	72.2%	161.4
誤差 E	28.13	1	28.1			
合計 T	725.88	7				

(3) プーリング

要因効果がないと判断された場合、その要因の誤差平方和にその要因の平方和を足し合わせ、誤差自由度にも自由度を足し合わせる。このようにして、誤差を再評価することをプーリングという。

プーリングの考え方は、次のとおりである。

① F 検定後、有意となった因子、交互作用は残す。
② 有意とならなくても、F_0 値が 2.00 以上の因子と交互作用は残す。
③ 主効果の F_0 値が 2.00 より小さくても、主効果の関係する交互作用が残る場合は、その主効果も残す。

ここで作成した**表 6.4** の分散分析表では、どの要因も有意水準 5% で有意ではないが、F_0 値が小さい主効果 D と交互作用 A×C をプーリングする。

プーリング後は、再度、分散分析表を作成する。

プーリング後の分散分析表(**表 6.5**)から、因子 C と交互作用 A×B が有意水準 5% で有意となった。また、因子 A と因子 B も F_0 値が 2.00 以上なので残す。

改めて作成した分散分析表(表 6.5)から、電気抵抗値は、因子 A(炭素含有量)、因子 B(加熱温度)、因子 C(注入力)と交互作用 A×B(炭素含有量と加熱温度)に影響されるものと思われた。

表 6.5　プーリング後の分散分析表

■プーリング後の分散分析表

要因	平方和 S	自由度 ϕ	分散 V	F_0 値	P 値	F 境界値
因子 A	55.13	1	55.1	2.99	18.2%	10.1
因子 B	105.13	1	105.1	5.70	9.7%	10.1
因子 C	300.13	1	300.1	16.26*	2.7%	10.1
交互作用 A×B	210.13	1	210.1	11.38*	4.3%	10.1
誤差 E	55.38	3	18.5			
合計 T	725.88	7				

4 最適値を見える化する直交配列表実験計画の解析

(4) 最適水準の決定と母平均の推定

因子 A と因子 B の組合せが最大となるのは、AB 二元表から水準 A_2B_1、因子 C は単独で水準 C_2 が選ばれ、最適水準は $A_2B_1C_2$ となる。

最適水準 $A_2B_1C_2$ における母平均の点推定値は、A_2B_1 における平均と C_2 における平均から求める。

$$\widehat{\mu}(A_2B_1C_2) = \widehat{\mu + a_2 + b_1 + (ab)_{21}} + \widehat{\mu + C_2} - \widehat{\mu}$$
$$= \frac{178}{2} + \frac{335}{4} - \frac{621}{8} = 95.12$$

有効反復数 n_e は、伊奈の式から、$\dfrac{1}{n_e} = \dfrac{1}{2} + \dfrac{1}{4} - \dfrac{1}{8} = \dfrac{5}{8}$

となるので、信頼率 95% での信頼区間は、次のようになる。

$$\widehat{\mu}(A_2B_1C_2) \pm t(\phi_E, \beta)\sqrt{\frac{V_E}{n_e}} = 95.12 \pm t(3, 0.05)\sqrt{\frac{5}{8} \times 18.5}$$

$$= 95.12 \pm 3.182 \times 3.400 = 84.3、105.94$$

電気抵抗値の最適水準は、**図 6.8** に示すように、炭素含有量 10%、加熱温度 250 度注入量 30 のときであることがわかった。このときの電気抵抗値の平均値の推定は、点推定 95.0 Ω、信頼率 95% での区間推定は、84.3〜105.9 Ωである。

No.	炭素含有量 [1] A	加熱温度 [2] B	A×B [3] A×B	冷却温度 [4] D	[5]	A×C [6] A×C	注入力 [7] C
第1水準の和T1	300	325	290	317	318	307	286
第2水準の和T2	321	296	331	304	303	314	335
差	-21	29	-41	13	15	-7	-49
平方和S	55.1	105.1	210.1	21.1	28.1	6.1	300.1

■AB二元表	B1	B2
A_1	147	153
A_2	178	143

$A_2B_1C_2$ が最大値（最適水準）

最適水準
点推定 95.10
区間推定 84.30
〜 105.90

最適水準は、炭素含有量10%、加熱温度250度注入量30ℓ

図 6.8 最適水準の設定と最適水準時の平均値の推定

第6章 【見える化技術⑤】最適設計の見える化技術

5 ニーズの実現を見える化する品質機能展開

(1) 品質機能展開とは

品質機能展開（QFD：Quality Function Deployment）とは、製品のコンセプトを考え、要求品質と品質特性から設計品質を決める方法である（図 6.9）。

設計・開発を進めるには、まず、お客様の期待をコンセプトとしてまとめる。このコンセプトをさらに具体化するため品質機能展開を行い、品質表から設計品質を抽出する。

Step 1. コンセプトの作成

コンセプトの作成とは、お客様ニーズや安全基準などから、設計や開発を行う製品の概念を明確にすることである。

Step 2. 品質機能展開の実施

品質機能展開の実施とは、設計や開発の対象となる製品のコンセプトを実現するために、要求品質を品質特性である技術へ落とし込むことである。

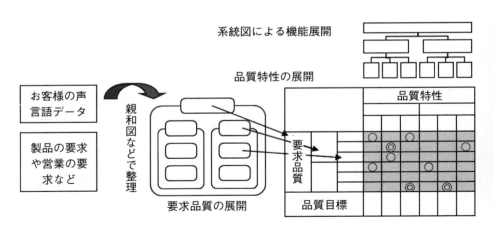

図 6.9　品質機能展開の概念

(2) コンセプトの作成

コンセプトの作成とは、お客様ニーズや安全基準などから、設計や開発を行う製品の概念を明確にすることである。

コンセプトを作成する手順は、次のとおりである。

図 6.10 では、職場や家庭でごく普通に使われる「ホッチキス」を対象となる製品に取り上げている。コンセプトとしては、「職場が明るくなる事務用品とは？　どんなホッチキスが求められているのか？」を目的に調査を行い、「デスクを明るくする卵型ホッチキス。価格は 1 個 300 円」としている。

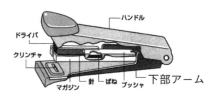

図 6.10　開発するホッチキスのコンセプト[3]

(3) 品質機能展開の実施

品質機能展開の実施とは、設計や開発の対象となる製品のコンセプトを実現するために、要求品質を品質特性である技術へ落とし込む方法のことである。

品質機能展開を実施する手順は、次のとおりである。

手順1. 要求品質を展開する

お客様の声やコンセプトを作成するときに出てきた要素の言語データから親和図を作成し、系統図に書き換えて要求品質展開表を作成する。

手順2. 品質特性を展開する

対象となる製品の特性を、機能別(厚さ、重量、長さなど)に展開する。この展開表をもとに品質特性展開表を作成する。

手順3. 二元表を作成する

要求品質展開と品質特性展開の二元表を作成し、要求品質と品質特性に関連する情報を二元表に明記する。要求品質と品質特性との交点のマスに、その対応の強さに応じて◎、○の記号を付けていく。

手順4. 企画品質を設定する

企画品質とは、要求品質ごとに現状レベルを評価し、同種の自社、他社製品と比較し、企画品質のレベルを決定する。

手順5. 設計品質を設定する

品質特性ごとに、要求品質を満足できる仕様を決定する。

図6.11では、5つの目的から16の要求品質を展開している。品質特性は、ホッチキスの大きなくくりとして、「紙に針を通し、アームを元に戻す」ことと「針を収納し、1本ずつ出す」について、7つの構成品に対して材質と形状を展開している。

この2つの展開から二元表を作成し、関連性を◎と○で記入し、企画品質と設計品質を設定している。

5 ニーズの実現を見える化する品質機能展開

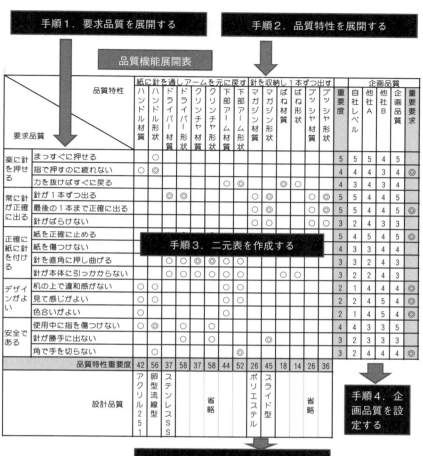

図 6.11 ホッチキスの品質機能展開[3]

第6章 【見える化技術⑤】最適設計の見える化技術

❻ 最適コストを見える化する価値工学 VE

目標コストを達成するために、製品の機能から適正なコストを算出するのにVE(Value Engineering：価値工学)を使って検討する。

VEによるコストの検討を実施する手順は、次のとおりである。

手順1. VE対象と目標を設定する

VEを実施する製品を設定する。目標となるコストを設定する。

手順2. 製品の機能分析を行う

対象製品の果たすべき機能を構成要素に分割し、その構成要素ごとに機能を明らかにする。

手順3. コスト分析と機能評価を行う

① 現状コスト分析

機能系統図にもとづいて、部品コストから機能別コスト(C)を算出する。

② 目標コスト配分

各機能をいくらで果たすべきか、それぞれの機能の目標コスト(F)を設定する。ここでは、他社製品の分析などから配分率を設定する。

③ 機能評価

各機能の現状コスト(C)と目標コスト(F)を比較し、各機能の価値指数(V=F/C)を求める。このCとFの関係から、価値指数の低い機能やC−Fの差が大きい機能から改善に着手する。

手順4. VE提案を行う

一般にVEでは、改善対象機能がアイデア発想のテーマになる。

図6.12では、目標コストを他社製品より低価格である300円/個に設定している。現状の400円/個を機能別コストに分解し、目標コスト配分から、機能評価を行う。その結果、3つの機能に対するVE提案をすることにしている。

6 最適コストを見える化する価値工学 VE

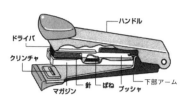

手順1．VE対象と目標を設定する

- ■VE対象：デスクを明るくするホッチキス
- ■コスト目標：400円→300円／個

手順2．製品の機能分析を行う

機能系統図

- F0：紙を綴じる
  - F1：紙を挟む
    - F11：感覚を保つ
    - F12：紙を導く
  - F2：針を通す
    - F21：力を加える
    - F21：針を導く
  - F3：針を保つ
    - F31：針を押し出す
    - F32：針を装てんする

手順3．コスト分析と機能評価を行う

コスト分析と機能評価

機能	構成要素（部品）	ハンドル	ドライバー	クリンチャ	下部アーム	マガジン	ばね	プッシャ	機能コスト計C値	機能コスト%	目標コスト配分	目標コストF値	F値／C値	C値／F値
F1：紙を挟む	F11：感覚を保つ	50			50				100	25%	25%	75	75%	25
	F12：紙を導く	50			50				100	25%	25%	75	75%	25
F2：針を通す	F21：力を加える	40	30						70	18%	15%	45	64%	25
	F22：針を導く		30	30					60	15%	15%	45	75%	15
F3：針を保つ	F31：針を押し出す						10	20	30	8%	10%	30	⁇%	0
	F32：針を装てんする					30		10	40	10%	10%	30	⁇%	10
	部品コスト計	140	60	30	100	30	10	30	400	100%	100%		64%	100

手順4．VE提案を行う

VE提案対象機能

図 6.12　ホッチキスのコスト検討[3)]

7 信頼度を見える化する FMEA

　信頼性の評価とは、対象となる製品を構成品まで分解し、構成品の故障モードを想定して、製品への影響度を評価することである。このとき、製品のFMEAを活用する。

　FMEA (Failure Mode and Effects Analysis) とは、「故障モードと影響解析」のことであり、部品→故障モード→システムへの影響を評価する手法である。

　製品のFMEAを実施する手順は、次のとおりである。

手順1. 製品の任務と分解レベルを設定する

　製品の任務が何なのか、環境条件などを明確に把握する。

　一般的に、サブシステムあるいは構成品のレベルに分解してFMEAを実施する。

手順2. 信頼性ブロック図を作成する

　FMEAを実施しようとする製品を、機能別に分類していくつかのブロックに分ける。機能別ブロックを単位とした信頼性ブロック図を作成する。

手順3. FMEAチャートを作成する

　信頼性ブロック図から抽出した構成品ごとに、故障モード、推定原因、システムへの影響を検討し、FMEAチャートを作成する。そして、故障モードごとに、発生頻度、厳しさ、検知難易で評価し、危険優先数を計算する。この結果から、故障等級を設定する。

手順4. 要検討構成品を抽出する

　FMEAチャートから抽出した故障等級ⅠやⅡの構成品に対して、改良すべきかどうか検討する。

　図6.13では、「針供給部」の構成品に対して、壊れやすく、正確に紙が綴じられないことに対する改良を、材質面と形状面で再度検討することにしている。

7 信頼度を見える化する FMEA

手順1．製品の任務と分解レベルを設定する
- 任務：紙を綴じたいとき正確に綴じる
- 分解レベル：部品あるいは数個の部品で構成された組立品を分解レベルとする

ホッチキスの構成図

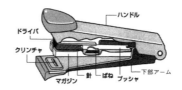

手順2．信頼性ブロック図を作成する

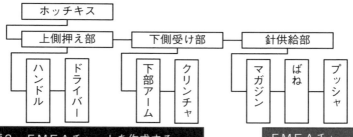

信頼性ブロック図

手順3．FMEAチャートを作成する

FMEAチャート

サブシステム	構成品	故障モード	推定原因	サブシステムへの影響	システムへの影響	発生頻度	厳しさ	検知難易	危険優先数	故障等級
上側押え部	ハンドル	凹み	落下	持ちづらい	特になし	3	3	1	9	Ⅲ
	ドライバー	曲がる	ムリな押込み	針が折れる	紙が綴じられない	3	5	3	45	Ⅲ
下側受け部	下部アーム	凹み	落下	不安定になる	正しく綴じられない	1	1	1	1	Ⅲ
	クリンチャ	変形	紙以外綴じる	とめられない	曲がって綴じる	1	5	3	15	Ⅲ
針供給部	マガジン	変形	劣化	針が出せない	紙が綴じられない	3	3	3	27	Ⅱ
	ばね	切断	引っかかり	針が送れない	紙が綴じられない	5	5	5	125	Ⅰ
	プッシャ	割れ	引っかかり	針が送れない	紙が綴じられない	4	3	3	36	Ⅱ

発生頻度	厳しさ	検知難易	故障等級
5：たびたび発生する	5：機能不全	5：壊れるまで不明	Ⅰ：要改善
3：たまに発生する	3：機能低下	3：よく見ればわかる	Ⅱ：要観察
1：めったに発生しない	1：機能に問題なし	1：すぐ気が付く	Ⅲ：現状維持

手順4．要検討構成品を抽出する

■要検討構成品
故障等級ⅠとⅡの材質や形状を検討することにした。

図 6.13　ホッチキスの信頼性検討 [3]

台に乗ればすべてが見渡せる駅

駅のコンコース
一人の警察官が 30cm ほどの高さの台の上に乗って警備しています
  あんな程度の台でどこまで見渡せるのか？
  意外と見渡せるもので
  駅のコンコースのほぼ全体を見渡すことができる

学校の教壇、講師の立つところは
30cm ぐらいの高さの教台があって
  この位置から受講者を見渡すと
  寝ている人、内職をしている人、一生懸命聞いている人
  みんな見えている

そうなんです
いつもより少し高い位置、ほんの少しでいいんです
  目標値や管理水準を少し高めると
  今まで見えなかった問題が見えてきます

こんな話を聞いたことがあります
ある工場で不良品がぽつぽつと見受けられた
  そこで、そのラインの速度を少し早めてみた
  すると、あちらこちらで不良品が出るようになり
ラインを調べて、
原因を見つけることができた

第7章

【見える化技術 6】

ニーズの見える化技術

第7章 【見える化技術⑥】ニーズの見える化技術

1 ニーズを見える化するアンケート

(1) アンケートの実施手順

効果的なアンケートを行うには、設計と解析を行う。

設計では、アンケートを実施する目的を明確にし、結果系指標と要因系指標の仮説を立てる。この仮説をもとにアンケートの質問を考える。サンプル数は30〜100程度を目安に考える。

解析には、グラフ化し、クロス集計すると全体像や傾向をつかむことができる。相関分析から質問間の関係を見たり、重回帰分析から結果系指標の予測を行うことができる。また、ポートフォリオ分析から重点改善項目を抽出することができる(**図 7.1**)。

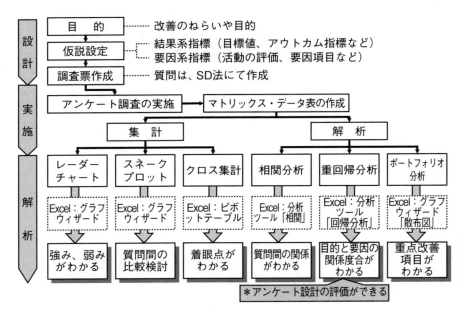

図 7.1　効果的なアンケートの実施手順 [1]

142

(2) 仮説の設定とアンケート用紙の作成

まず、目的を明確にする。図7.2では、目的を「お客様満足度と企業活動の関係を明らかにして、お客様満足度を高める企業活動を検討する」とした。

次に仮説を立てる。仮説には、結果系指標として「お客様満足度」とし、要因系指標として「お客様満足度に影響すると思われる企業活動」とした。ここでは、「電話対応」、「クレーム対応」、「社員の明るさ」などの印象に関する評価や、「商品のよさ」、「信頼性」、「アフターサービス」などの商品に関する評価など、9項目である。それぞれの項目間の関連性を矢印で原因と結果をつないだ仮説構造図を作成した。

次に、仮説構造図をもとに、評価するための質問を考える。回答者の評価は、「非常に満足している：5点」、「満足している：4点」、「どちらでもない：3点」、「不満である：2点」、「非常に不満である：1点」という5択方式をとる。この質問形式をSD法（Semantic Differential Scale）という。アンケート用紙を図7.2の右に示す。

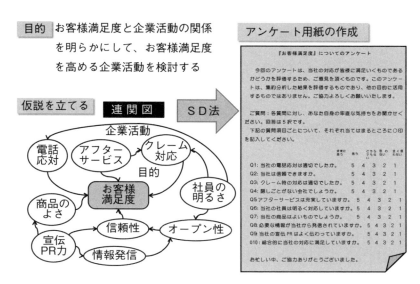

図7.2　仮説の設定とアンケート用紙の作成

2 効果的なアンケート結果を見える化する実施法と解析法

(1) アンケートの調査方法とサンプル数

調査方法には「郵送返却」、「個別訪問」、「インターネット」、「配布回収」などあり、それぞれに回収率が異なる。そのため、実際に行われるサンプル数は、調査方法によって予想される回収率を考慮したサンプル数を決定する。

実施サンプル数＝必要サンプル数／予想回収率

目的別のサンプル数、調査方法などを表7.1に示す。

必要サンプル数は、次のとおりである。

① 必要サンプル数は、$n = 30 \sim 100$ 程度必要
② 重回帰分析を行う場合、必要サンプル数は、質問数（結果系指標と要因系指標）の3倍を目安にする

表7.1 アンケートの調査方法と必要サンプル数

目的	調査対象者	サンプル数	調査時期	調査方法
企業イメージ評価	・社外 ・社内	・社内では全数、またはサンプル ・社外では30～100程度	・社内と社外調査を行う場合は、できるだけ同時期実施	・社内は調査票またはイントラネット ・社外は郵送
お客様満足度評価	・商品やサービスを使用している人	・30～100サンプル程度 ・ただし、質問数が多くなると質問数の3倍程度のサンプル	・商品やサービス使用後2～3カ月後	・郵送 ・インターネット ・面談ヒアリング
ISOお客様満足評価	・取引先 ・お客様	・取引先なら全数 ・不特定多数のお客様なら30～100サンプル程度	・年度末あるいは内部監査、デビューの1カ月前	・郵送
改善活動評価	・活動を行っている社員	・質問数の3倍程度	・期末、年度末など一定時期	・調査票
研修有益性評価	・研修受講者	・受講者全数	・研修終了時	・調査票

(2) アンケート結果の解析

グラフを書くことにより、全体の姿をつかむことができる。

クロス集計を行い、マトリックス図から着眼点を見ることができる。

相関係数を計算することによって、質問間の関係度合いを見ることができる。この結果を仮説の連関図に落とし込むことによって、結果と要因間の関係性を見える化することができる。

結果系指標を目的変数とし、要因系指標を説明変数とした重回帰分析を行うと、アンケート設計と実施の精度の評価ができる。

また、標準化されたデータで重回帰分析を行い、得られた標準偏回帰係数を横軸に質問ごとの平均値(SD値と呼ぶ)を縦軸にとった散布図を描くと、重要改善項目を抽出することができる。これをポートフォリオ分析という(表7.2)。

表7.2 アンケートの解析方法とわかること

解析の種類	方　法	解析の結果からわかること
解析1．グラフ	レーダーチャート スネークプロット	・レーダーチャートから弱点質問項目を見つけることができる。 ・平均値と標準偏差をグラフに表すと、質問間の比較とばらつきがわかる。
解析2．クロス集計	クロス集計	・得られたデータをマトリックスに表すことにより、事象の大小を合計値で定量化し着眼点を明らかにできる
解析3．相関分析	相関係数 無相関の検定	・質問間の相関係数から、質問間の関係(相関)がわかる。 ・無相関の検定を行うと相関の有無が判定できる。
解析4．重回帰分析	重回帰分析	・結果系指標と要因系指標から重回帰分析を行うことによって、アンケートの設計の精度を評価できる。
解析5．ポートフォリオ分析	重回帰分析 (標準偏回帰係数) 散布図	・横軸に標準偏回帰係数、縦軸にSD値(平均値)をとった散布図を描くことによって重点改善項目を抽出することができる。

3 全体の姿や傾向を見える化するグラフ

　アンケート用紙を回収し、マトリックス・データ表を作成する。データは、わかりやすくするためにサンプル番号を付ける。また、結果系指標や層別項目は、左右の両端に置き、要因系指標を中央にまとめておく。

(1)　レーダーチャート

　まず、各質問項目のSD値(平均値)と標準偏差を計算する。結果からSD値をレーダーチャートに表すと、質問ごとの評価点がわかる。

　図7.3のレーダーチャートから「お客様満足度」はSD値=2.97であり、3.00より低いものであった。要因系指標の内、SD値の低いものを取り上げてみると、「クレーム対応2.92」、「社員の明るさ3.03」であった。一方、「商品のよさ3.92」、「信頼性3.61」の評価は高かった。

(2)　スネークプロット

　図7.3の質問ごとのSD値と標準偏差を複合グラフに表してみる。ここでは、SD値を棒グラフ、標準偏差を折れ線グラフで表した複合グラフを作成してみた。これがスネークプロットである。

　この図から、SD値の高い順に並べてみると、「商品のよさ3.82」、「オープン性3.64」、「信頼性3.39」となる。またSD値の低い順に並べると、「クレーム対応2.54」、「アフターサービス2.58」、「電話応対2.75」となる。

　標準偏差の大きいのは「商品のよさ1.40」、「情報発信1.33」、「宣伝PR力1.26」であり、これらの評価は他の評価に比べると回答者によってばらつきが大きいものと思われる。

3 全体の姿や傾向を見える化するグラフ

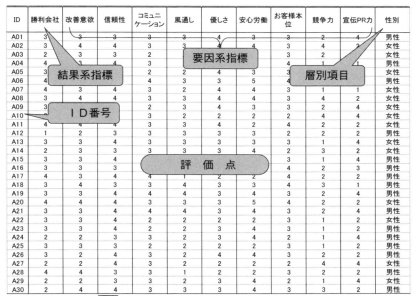

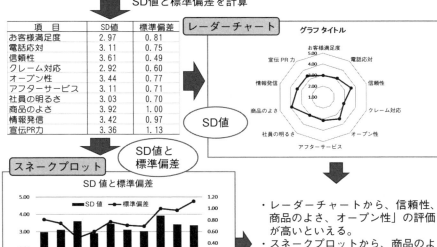

図7.3 レーダーチャートとスネークプロット

4 着眼点を見える化するクロス集計

　クロス集計とは、得られたマトリックス・データ表から評価点のレベルごとにカウントし、一覧表にまとめたものである。このクロス集計から、項目間の比較や着眼点を見ることができる。

　Excelでクロス集計を行うには、Excelタブ「挿入」の「ピボットテーブル」を活用する。手順は、次のとおりである。

手順1. データ表を作成する
手順2. Excelタブ「挿入」の「ピボットテーブル」をクリックする
手順3. 「ピボットテーブルの作成」画面の「◎テーブルまた範囲を選択(S)」に手順1で作成したデータを項目ごと指定する。「OK」をクリック
手順4. 「ピボットテーブルフィ…」画面から列と行の指定を行う
　　① 「Σの値」に「ID」をドラッグする。
　　② 「列ラベル」に項目をドラッグする。ここでは、「お客様満足度」を配置する。
　　③ 「行ラベル」の項目をドラッグする。ここでは、「業種」を配置する。
手順5. 「×」をクリックする

　これで、クロス集計表が出力される。
　図7.4では、「お客様満足度」の評価を業種別に作成したクロス集計である。このクロス集計から、業種別には「満足している」と評価したのは製造業の方が多いということがわかる。

4 着眼点を見える化するクロス集計

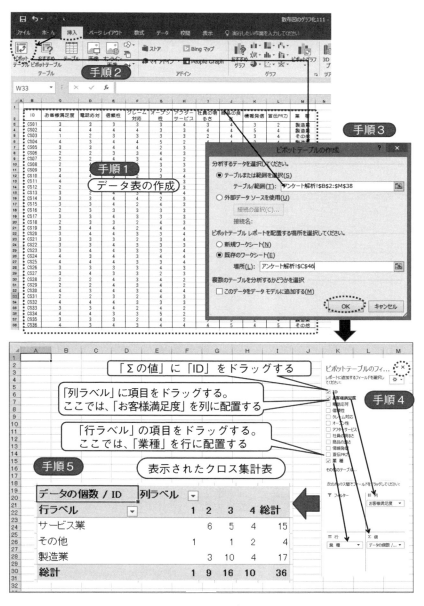

図7.4 Excel ピボットテーブルによるクロス集計

第7章 【見える化技術⑥】ニーズの見える化技術

5 質問間の関係を見える化する相関分析

相関係数 r は、2つの変数の相関関係の強弱の程度を数値で表したものであり、いくつかの変数の間の相関係数を求めたものが相関係数行列である。この値が±1に近いほど相関関係が強いといえる。

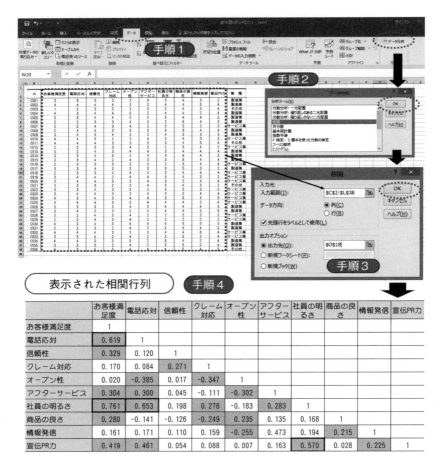

	お客様満足度	電話応対	信頼性	クレーム対応	オープン性	アフターサービス	社員の明るさ	商品の良さ	情報発信	宣伝PR力
お客様満足度	1									
電話応対	0.619	1								
信頼性	0.329	0.120	1							
クレーム対応	0.170	0.084	0.271	1						
オープン性	0.020	-0.385	0.017	-0.347	1					
アフターサービス	0.304	0.300	0.045	-0.111	-0.302	1				
社員の明るさ	0.761	0.653	0.198	0.278	-0.183	0.283	1			
商品の良さ	0.280	-0.141	-0.126	-0.249	0.235	0.135	0.168	1		
情報発信	0.161	0.171	0.110	0.159	-0.255	0.473	0.194	0.215	1	
宣伝PR力	0.419	0.461	0.054	0.088	0.007	0.163	0.570	0.028	0.225	1

図 7.5　Excel 分析ツールの「相関」から求めた項目間の相関係数行列

5 質問間の関係を見える化する相関分析

相関係数の計算は、Excelタブ「データ分析」の「分析ツール(D)」を起動し、「相関」を選択する。表示された「相関」の画面に必要データを入力することによって、相関係数行列が表示される(図7.5)。

Excel分析ツールで相関行列を求める手順は、次のとおりである。

手順1. Excelタブ「データ」の「データ分析」をクリック
手順2.「分析ツール」の「相関」を指定、「OK」をクリック
手順3.「相関」画面の「データ入力(I)」にデータを入力
　　　　「データ方向」に「◎列(C)」を指定
　　　　「☑ 先頭行をラベルとして使用(L)」にチェックマークを入れる
手順4.「OK」をクリックすると「相関行列」が表示される

この相関係数をもとに連関図に矢線を書いてみる。相関係数が0.200以上の項目間に矢線を記入し、特に相関係数が0.500以上の項目間の矢線を太く引いた。

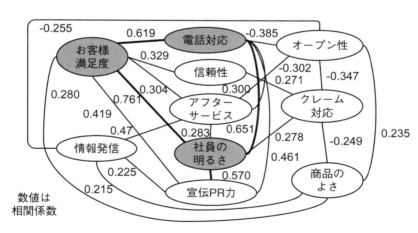

図7.6　相関係数をもとにした連関図の矢線の再作成

以上の結果、図7.6の連関図から、「お客様満足度」に影響が強い企業活動として「電話応対」と「社員の明るさ」があることがわかった。

６ 複数の要因から結果を見える化する重回帰分析

(1) Excelによる重回帰分析

重回帰分析は、**図7.7**のお客様満足度のマトリックス・データ表からExcelタブ「データ」の「データ分析」を活用して行うことができる。

「データ分析」画面から、「回帰分析」を選択し、「回帰分析」画面にデータ入力、データ方向などを入力することによって重回帰分析の結果が表示される。Excelの「回帰分析」を活用して重回帰分析を行われるのは、説明変数として16項目までである。

重回帰分析の結果から、「重相関R」 = 0.88は、「お客様満足度」と「電話対応」から「宣伝PR力」までの要因群との相関係数を見ることができる。

「重決定R2」 = 0.77、「補正R2」 = 0.63は寄与率を表しており、結果に対する要因群の影響度合いである。

分散分析表の「有意F」の値から、求めた重回帰式が意味あるものかどうかを評価することができる。ここでは、「有意F」 = $2.31E-06 < 0.05$ = (有意水準5％の場合)であり、求めた重回帰式は成り立つものである。

また、係数から重回帰式が計算できる。係数から重回帰式を書き出すと次のようになる。

$$\begin{aligned}
\text{重回帰式：お客様満足度} =\ & -4.04 + 0.53 \times 電話対応 + 0.30 \times 信頼性 \\
& + 0.27 \times クレーム対応 + 0.31 \times オープン性 \\
& + 0.20 \times アフターサービス + 0.41 \times 社員の \\
& 明るさ + 0.24 \times 商品の良さ - 0.09 \times 情報発 \\
& 信 - 0.04 \times 宣伝PR力
\end{aligned}$$

この重回帰式から企業活動の各ポイントを入力すると、結果である「お客様満足度」が想定できる(図7.7)。

6 複数の要因から結果を見える化する重回帰分析

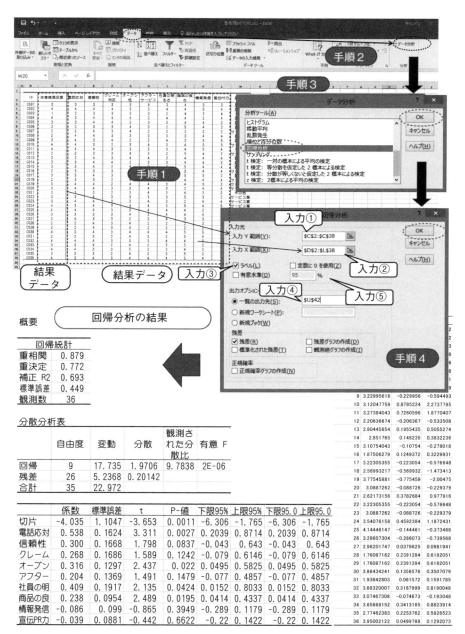

図 7.7　Excel による重回帰分析

(2) 寄与率によるアンケート項目の過不足の検討

図 7.8 の重回帰分析結果から、重回帰式の当てはまりのよさの目安として、重決定 R2(寄与率 R^2)がある。

$$\text{重決定 R2(寄与率)} \quad R^2 = 0.772$$

であり、重回帰分析では、説明する変数間に重複が考えられることから、寄与率は自由度調整済寄与率を使う。Excel の結果は、「決定係数 R2」の下の「補正 R2(自由度調整済寄与率)」で評価する。

$$\text{補正 R2(自由度調整済寄与率)} \quad R^{*2} = 0.693$$

であり、結果系指標「お客様満足度」を予測する項目として、要因系指標「電話応対」から「宣伝 PR 力」までの 9 項目で 69.3% 説明できることになる。

この「補正 R2(自由度調整済寄与率)」が 0.5 未満であると、結果系指標に対しここで設定した要因系指標以外にもっと重要な変数が抜けている可能性があり、アンケートの質問項目の再検討が必要となる(図 7.8)。

(3) 回帰関係の有意性検討

重回帰式が成り立つかどうかは、回帰の分散分析を行う。図 7.8 では、分散分析表の「回帰」の欄を見て、「有意 F」の値を見る。

$$\text{有意} F \quad 2E-06$$

であり、この「有意 F」とは、回帰と残差の分散比が F 分布表の確率 P の値を示している。有意 $F = 2E-06 = 0.000002 = 0.0002\%$ と非常に小さく、「回帰」に意味があることを示している。一般的にこの値が 5% より小さな値なら、設定した重回帰式が有効になる。

$$\text{有意} F = 2E-06 < 0.05$$

仮に、有意 $F > 0.05$ になれば、残差のばらつきのほうが回帰の分散よりも大きくなるので、アンケートの回答が曖昧になっていることが予想される。このような場合、アンケートの質問の表現を再チェックする必要がある(図 7.8)。

(4) 残差による回答の精度の検討

また、得られた重回帰式の妥当性を検討するために、残差 $e_i = y_i - \hat{y_i}$ を見

6 複数の要因から結果を見える化する重回帰分析

る。残差 e_i を誤差分散の推定値によって標準化した標準化残差 e'_i を求める。この e'_i の値が ± 3 を越えているものがないかを見るとともに、各説明変数について点 (x_{ki}, e'_i) を散布図に表して、曲線的な構造がないか、誤差の等分散性はあるかなどを確認する。図 7.8 の標準化残差で 3 を超えるものはなく、特に問題は見られない。

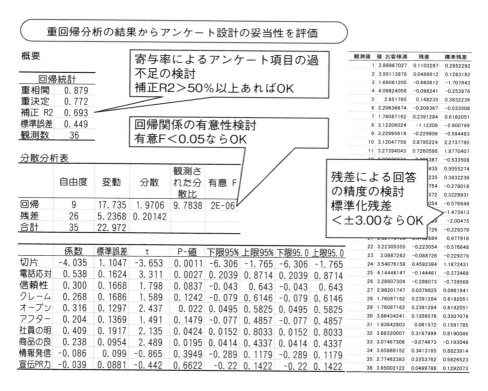

図 7.8　重回帰分析からアンケート設計を評価

7 重点改善項目を見える化するポートフォリオ分析

ポートフォリオ分析は、アンケート調査から得られた各回答項目について、「要因系指標の結果系指標への影響度」と「要因系指標の平均値」を散布図に表し、4つの領域に分けることによって、各領域に位置する要因系指標を評価する方法である（図7.9）。

アンケートの結果から、まず重回帰分析を行い、標準偏回帰係数を計算する。解析4で計算した係数は偏回帰係数というもので、各指標の単位が異なることも考えられる。したがって、重回帰分析から要因系指標の結果系指標への影響度を見るには、標準化したデータ（平均0、標準偏差1）から重回帰分析を行って、求めた偏回帰係数を使う。この偏回帰係数を標準偏回帰係数という。

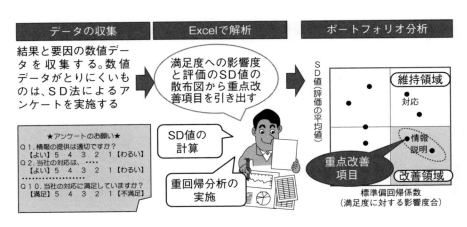

図7.9　ポートフォリオ分析の概要

図7.10ではポートフォリオ分析を行った結果から、顧客満足度に強い影響がある項目に、「電話応対」、「社員の明るさ」が挙げられ、この2項目は、平均値が他より低いことから、改善を要することがわかった。

7 重点改善項目を見える化するポートフォリオ分析

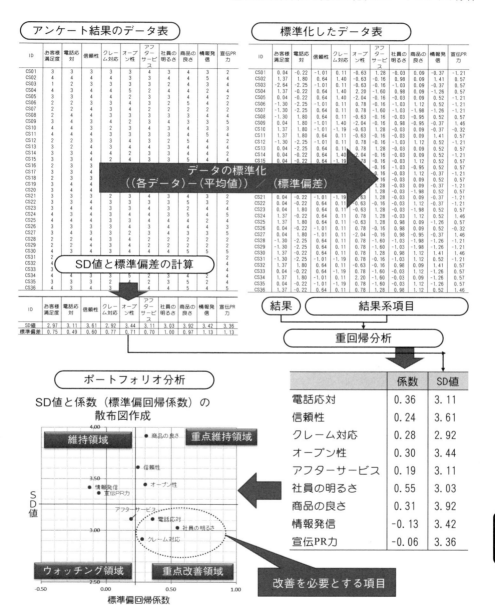

図 7.10　ポートフォリオ分析による重点改善項目の抽出

鏡に映さないと見えない自分の顔

自分の顔は見えない
鏡を持ってきてみれば見える

　　仕事でも一緒である
　　自分たちでは気づかなくても
　　周りの人が気づいているものがある

隣の部署の人から
「君たち、いつも書類を間違っているよ！」
「私が直しているからいいようなものの」
という声が聞こえてきたら

　　「そう、つんけんするなよ、昼飯でもおごるからさあ」
　　といってしまえば、問題が隠れてしまう
　　「え！そんなことがあったのか」
　　「どんな内容なんだ、いつから？」

と状況を素直に受け止めて、
状況を聞く
問題の原因まで見えるようになり
問題を解決することができる

　　鏡がないと
　　自分の顔は見えない

第8章

【見える化技術 7】
アイデアの
見える化技術

第8章 【見える化技術⑦】アイデアの見える化技術

1 アイデアを見える化するアイデア発想法

(1) アイデアを多く出すには
 1) 目標を決めて無理やり考えてみる

　有効な発想法の1つに強制発想法がある。平たくいえば、むりやり考えさせることである。例えば、「最低50のアイデアを出せ」というように強制する。最低いくつ出せと強制されると、その数が多ければ多いほど、なまじのことでは出てこないと思うものだから、覚悟して取り組むことになる。出すアイデアの数が多くなってくれば、それなりにサマになってくる。数を出すことのもう1つの効用は、「まともに考えていてもダメだ」という開き直りを生み、既成概念にとらわれない柔軟な発想を可能にする。

 2) まずアイデアを多く出す、評価は後で

　思考には、「拡散型思考」と「収束型思考」がある。拡散型思考は「アイデア出し」、つまり発想であり、収束型思考は「評価」である。つまり、アイデア出しとその発想の評価を同時にしてはいけない。

　ところが、人間はなまじ器用なために、あるいは、はやく結論を導きたいために、ややもするとこの2つを同時にやろうとして失敗する。発想した時点ではつまらないと感じても、後で別の発想と組み合わせることによって、思いもかけないアイデアに発展することもある。

 3) 既成概念を乗り越える

　既成概念が発想をお粗末なものにしている最大の元凶である。なぜ既成概念にとらわれるのかを考えると、情報不足のために頭脳が硬直的になっていることが非常に多い。従来どおりのやり方しかないと思い込んでしまっているのである。

　新聞や雑誌、インターネットは、新しく珍しいために話題性があるものを報じ、当たり前のことをあらためて取り上げることはしない。それだけに、

ニュースとして取り上げられた事柄は、これからのビジネスの方向を示す兆しであることも多く、新しい発想のヒントを提供してくれる。

(2) 発想を手助けするアイデア発想法

アイデアを出すのに、図 8.1 に示すような発想法を活用する。

① 関係者が集まって「ブレーンストーミング」を行って、アイデアを出す。

② もし、アイデアが思いつかなければ、ヒントを。例えば、「変えてみたら？」、「止めたら？」などなど「発想チェックリスト法」を使ってみる。

③ まったく関係のないものの要素からヒントを得る「焦点法」もある。

④ 画期的な企画をしたい、しなければならない。こんなとき、アナロジーをヒントに「アナロジー発想法」を使ってみる。

⑤ 販売実績の中から「おや？」と思うところがあれば、そのときの状況を分析して販売のチャンスを見つけ出す「データマイニング」もある。

⑥ 他の成功事例のノウハウから、自分たちのアイデアを考える「ベンチマーキング」という方法もある。

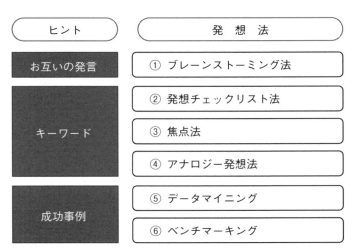

図 8.1　いろいろな発想法

2 議論することでアイデアが見える化できるブレーンストーミング法

(1) ジョハリの窓

　人の意見に耳を傾け、自分の意見をみんなに話し、お互いが議論することによって、新たな発想が生まれる。発想の仕組みを考えるとき、「ジョハリの窓」というものがある。ジョハリの窓とは、自分と他人の知っている部分と知らない部分から4つの「窓」を設定し、順次窓を開いて新たな発想を引き起こそうというものである（**図8.2**）。

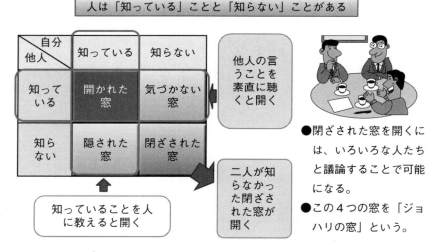

図8.2　ジョハリの窓と発想を高める3つの行動

(2) ブレーンストーミング法

　ブレーンストーミング法とは、複数の人たちが共同作業でアイデアを出していく集団発想法の1つである。1930年代後半に米国広告会社BBDO社の副社長だったアレックス・オズボーンが発案した手法で、歴史的に見ても集団によ

る発想法を確立した意味合いは大きい。

　具体的には、図 8.3 に示すように、全員がお互いの顔が見える、記録したものが見える、車座に座ることができる場所を設定する。参加者は、4〜6 名が適切であり、参加者の中から司会と書記を決める。アイデアを出しているときは、ブレーンストーミングの 4 原則を守って多くのアイデアを出すことがポイントとなる。

【ブレーンストーミングの 4 原則】
① 批判厳禁：出されたアイデアに対してよい悪いの批判をしない。
② 自由奔放：1 つの視点だけでなく、あらゆる視点からアイデアを出す。
③ 大量生産：アイデアの数が多ければ多いほど質のよいアイデアが出る。
④ 結合・便乗：他の人のアイデアをヒントにして新しいアイデアを出す。

図 8.3　ブレーンストーミング

❸ 9つのチェック項目でアイデアが見える化できる発想チェックリスト法

　短時間で効率的にアイデアを生み出そうというときに役立つのが、発想を導くためのチェックリストである。「他の代用品は」、「色を変えたら」といったチェックリストを用意して、発想を導く手がかりにする。

　発想チェックリスト法には、オズボーンの9つのチェックリストがある。オズボーンの9つのチェックリストとは、次の9つのキーワードについて考える。

【オズボーンの9つのチェックリスト】

①他に使い途は　　　　②応用できないか？　　③修正したら？
④拡大したら？　　　　⑤縮小したら？　　　　⑥代用したら？
⑦アレンジし直したら？⑧逆にしたら？　　　　⑨組み合わせたら？

　図8.4は、アイデア商品を9つのチェックリストに当てはめたものである。

図8.4　オズボーンのチェックリストと話題の商品

3 9つのチェック項目でアイデアが見える化できる発想チェックリスト法

9つのチェックリストをヒントに、不要になったペットボトルの使い途を考えてみる。例えば、まず、「コップ」、「ダンベル」、「イス」、「猫よけ」…と現実にあるものを書き出していく。ある程度アイデアが出尽くしたら、「コップ」、「コーヒーカップ」、「ワイングラス」と出ているアイデアをヒントに出していく。また、現実にはないが「こんなのあったらいいな」と考えて、書いていく。その結果、画期的なアイデアを見つけることになるかもしれない（表8.1）。

表8.1 オズボーンのチェックリストでペットボトルの再利用を発想

アイデアを考えるもの	不用になったペットボトルの利用方法
チェックリスト	アイデア
①他に使い途は？	・水入れ　・コーヒー入れ　・水稲　・水枕　・猫除け ・米入れ　・お茶入れ
②応用できないか？	・花壇の縁　・窓枠の飾り　・照明器具　・一輪差し ・保冷の氷　・手洗いの水入れ
③修正したら？	・コップ　・計量カップ　・湯呑　・じょうご ・コースター　・鍋敷き　・つまみ入れ
④拡大したら？	・いかだ　・椅子　・テーブル　・ベンチ　・踏み石 ・ブロックの代わり　・ステンドグラス
⑤縮小したら？	・花壇の土　・水切りの敷物　・アートデザインの材料 ・壁土　・切り絵の材料
⑥代用したら？	・肩たたき　・踏み竹　・電気の傘　・ボーリングのピン ・子供用の野球のバット　・ゴマすり器
⑦アレンジし直したら？	・作業服　・レインコート　・再生ペットボトル ・糸　・食品を入れる容器　・ブローチ
⑧逆にしたら？	・水タンクに入れて水洗トイレの節水 ・水を凍らせて冷蔵庫　・野外で使う枕
⑨組み合わせたら？	・水ロケット　・ヌンチャク　・木槌　・電気スタンド ・バーベル　・木琴　・マラカス

4 異質なものからアイデアを見える化できる焦点法

　焦点法とは、テーマに対し、次元の違う任意のキーワードをでたらめに選び、これをテーマと強制的に結びつけることでアイデアを得る手法である。

　焦点法で発想する手順は、次のとおりである。

手順1.　アイデアを出すテーマを考える

手順2.　焦点を当てるものを探す

　焦点を当てるものは、アイデアを考える対象とまったくかけ離れたものほどよいアイデアが出る。

手順3.　焦点の特徴を考え、特徴から中間アイデアを引き出す

手順4.　中間アイデアから具体的なアイデアを考える

　表8.2では、「つい行きたくなるレストラン」をテーマに取り上げてみた。一流ホテルからアイデアを得ると、どうしてもホテルの要素をそのままレストランに取り入れてしまうため、独創性に欠けてしまう。そこで、まったく異質なもの、「子犬」に焦点を当て考えてみることにした。

　まず、子犬から連想される要素を、小さい→ヨチヨチ歩く→表情があどけない→…→よく遊ぶ…と列挙する。

　出てきた対象のアイデアをまとめると、以下となる。

　建物はおとぎの国の内装とし、手すりをつけるなど高齢者にも安心して利用できる設備にする。ヘルシーメニューも加え、最寄りの駅からの送迎サービスを行うレストランにする。

　これらの要素をヒントに「健康を考えたヘルシーメニューで、お客様の名前を入れた料理を出し、おとぎの国のような内装で、椅子も身長に合わせて高さが自由に変えられ、食後はゲームで楽しむことができるファンタジーなレストラン」へとアイデアを引き出した。

表 8.2 焦点法によるレストランの企画検討

アイデアを考えるもの	焦点を当てるもの
手順1　レストラン	手順2　子　犬

焦点の特徴	中間アイデア	対象のアイデア
小さい 手順3	カロリーを考える	健康を考えたヘルシーメニューを提供する
ヨチヨチ歩く	安全を考える	高齢者も安心して利用できるようにする
表情があどけない	可愛さがあふれる	おとぎの国のような内装にする
心が和む	疲れが取れる	お客様の名前を入れた料理を出す
手がかかる	面倒見がよい	送迎サービスを行う　手順4

アイデアをまとめる	建物はおとぎの国の内装とし、手すりをつけるなど高齢者にも安心して利用できる設備にする。ヘルシーメニューも加え、最寄りの駅からの送迎サービスを行うレストランにする。 これらの要素をヒントに「健康を考えたヘルシーメニューで、お客様の名前を入れた料理を出し、おとぎの国のような内装で、椅子も身長に合わせて高さが自由に変えられ、食後はゲームで楽しむことができるファンタジーなレストラン」へとアイデアを引き出した。

5 否定することからアイデアを見える化できるアナロジー発想法

　アナロジー発想法とは、そのものが本来もっている常識的な機能や特徴を列挙し、それらを否定（逆設定）する。その際にクリアになる問題点をキーワードとして改革の方向性を示し、アナロジー（類似）からアイデアを引き出す手法である。
　アナロジー発想法で発想する手順は、次のとおりである。

手順1． アイデアを出すテーマを考える
手順2． テーマに関する常識的な機能や特徴を列挙し、「逆設定」を行う
手順3． 逆設定の「問題点」とそれを乗り越える「キーワード」を列挙する
手順4． キーワードを達成するために「アナロジー（類似）」を探し、それをヒントに「アイデア」を発想する

　図8.5の例は、アナロジー発想法を用い、「はじめてパソコンを使う高齢者にも使いやすいパソコンを開発する」を考えたものである。常識としてパソコンには「キーボードがある」に対し、逆設定として「キーボードがない」、そのときの問題点としてキーボードがなければ「入力できない」が思い浮かぶ。キーワードは、問題点を逆手にとったような、あるいはその問題点が活かされるような用語や言葉で考えをまとめたものを表現する。「キーボードがなくても入力ができる」、そのようなアナロジーは「リモコンや、短縮番号、ATMや切符の発券機」がある。それらから「タッチパネル方式、操作ボタンがなく、音声入力で対話しながら入力できる」というアイデアに結びつけている。以下、順次、項目に従って表を完成させていき、総合的にまとめあげる。
　「逆設定」を決める場合、まずテーマを決め、属性を並べる。例えば「百貨店の新業態開発」というテーマであれば、基本的属性として「商品を売る」、「メーカー希望小売価格による販売を基本としている」が考えられる。

次に、属性それぞれについて、その逆を設定する。属性が「商品を売る」ならば、「商品を売らない」といった具合である。ここで、まったく逆の設定をする必要はない。「エスカレーター、エレベーターで店内を移動する」に対して、「新しい移動手段を考える」という設定でもよい。

常識	逆設定	問題点	キーワード	アナロジー	アイデア
キーボードがある	キーボードがない	入力できない	キーボードがなくても入力でき、使える	リモコン親子電話 短縮番号 ATM、券売機	タッチパネル 操作ボタンがない 対話しながらできる
画面がある	画面がない	表示できない	画面がなくても使える 意志の疎通	考える知能をもち、人と会話できるコンピュータロボット	対話しながらコンピュータが使用者の考えを汲み取り、操作を忠実に実行し出力するパソコンがロボットになる
マウス操作がある	操作がない	機能が使えない	マウスがなくても入力できる	リモコン親子電話 短縮番号 ATM、券売機	タッチパネル 操作ボタンがない
用語の知識が必要である	必要ない	使いづらい	場所・人を問わない	コンビニ、公園 掃除機、自転車	統一規格（基本操作の部分） 見た目で操作がわかる
価格が高い	安い	作れない	個人負担が少ない	医療費 高齢者に対する割引	高齢者への補助制度を活用
周辺機器をつなぐ	つながない	拡張できない	ケーブルでつなげない	ラジコン・ワープロ リモコン親子電話	すべての通信接続機能を内蔵したパソコン（オールインワン）
購入時、アドバイスが必要	アドバイスされない	選べない	見た目で選べる	自転車 家電、洋服	イージーオーダー オーダーメイドパソコン

アイデア案

・対話型で入力者の意図をパソコンが読み取り、プログラムを実行する。規格は業界で統一化され、汎用性があり、購入者の意図に応じたオプションが追加できる。
・周辺機器との接続がきわめて簡単。
・高齢者が購入の際は、補助制度が活用できる。

図8.5　アナロジー発想法による高齢者向けパソコンの企画

❻ 販売実績から市場を見える化できるデータマイニング

　購買履歴データは、実際にお客様が買ったという事実が伴っている。したがって、購買履歴データから販売チャンスを見つけることができる。これがデータマイニングである。このとき、販売履歴データと周辺の環境データをセットにしておけば、どういう環境のときに、どういった結果が得られるのかの予想が可能になる。

(1)　売れ行き好調のはずのアイスクリームが？

　先月発売したアイスクリームの販売が好調である。それもそのはず、今回の商品は、いつもより念入りに販売データを分析し、売れ行き傾向もシミュレーションした。街頭での聞き取り調査、インターネットによるアンケートも実施した。想定できる調査はほぼ網羅したつもりである。

　予想以上の売行きに夏の一時金をちょっぴり期待し始めた矢先、急に売上げが落ちてきた。「なぜだ?!!!」

　答えは意外なところにあった。ある月曜日のお昼休みに、あるスタッフがおいしそうにアイスキャンディーを食べていた。

　ある本によると、気温が30度を超えると、氷菓が売れるといわれている。この1週間の急激な気温の上昇により、氷系のキャンディーが売れていたようである。

　そこで、アイスクリームの中に氷のツブを入れてみた。名前も"氷の宝石箱"としてみた。ロング商品になること間違いない。

(2)　「おや!」と思うところに宝が眠っている

　とあるコンビニエンスストアでの話。「今日は大変だったのよ。いつも買いに来てくれる学生さんからお弁当ないですか？と聞かれて、棚を見てみると何もなかったの。次の納品は10時ごろだし、学生さんは、それでは間に合わないといって、しかたなくパンと牛乳を買って行かれたわ」。

6 販売実績から市場を見える化できるデータマイニング

　そして、1週間が経った木曜日の朝に、また弁当がなくなるという事件(?)が起こった。そこで店長は弁当の売上データを見てみた。すると、木曜日だけ、それも6時から8時の間にたくさんの弁当が売れていた。

　そこで、次の木曜日にはいつもの倍の弁当を注文し、買いやすいように入り口近くのテーブルに積み上げ、ペットボトルのお茶も横に並べてみた。そして、店長自らレジに立ち、弁当を買っていく人たちに理由を聞いてみた。

　ある女性からこんな話を聞くことができた。「私の会社、この近くなのですが、先月から急に食堂が木曜日だけ定休日になってしまったんです。そこで、お弁当を買うことにしたんです」。なるほど、と店長は納得し、木曜日には多めの弁当を仕入れることにした（**図 8.6**）。

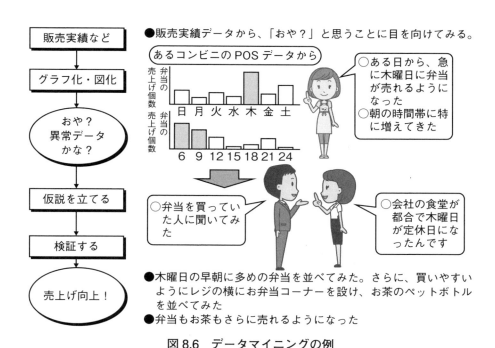

図 8.6　データマイニングの例

第8章 【見える化技術⑦】アイデアの見える化技術

❼ ベストプラクティスからアイデアを見える化できるベンチマーキング

　ベンチマーキングとは、ある分野で極めて高い業績を上げているといわれている対象と自らを比較しながら、自ら仕事のやり方(業務プロセス)を変えていくアイデアを考えることである。
　ベンチマーキングの実施手順は、次のとおりである。

　ベンチマーキングとは、他所の調査によりベンチマークを決め、それを達成するための一連の活動である。ある分野において極めて高い業績を上げている、これを「ベストプラクティス」といい、ベストプラクティスの対象と自らの仕事のやり方(業務プロセス)を変えていこうというものである。
　ベンチマーキングを実施するときの留意点は、次のとおりである。
　① 相手のコピーをしないこと
　② 簡単な手直しをしないこと
　③ アイデアの盗作をしないこと
　④ 単なる数値を比較しないこと
　⑤ 観察旅行にならないようにすること
　図8.7は、あるショップでお客様から聞かれたことに対して、答えられない、あるいは、少し時間をいただいて調べていたところ、お客様から「早くしてよ」と言われることがたびたびあった。
　お客様に評判のよい旅行代理店が話題になった。「いろいろと行きたいホテルや観光地についてすべて答えてくれる」とのことであった。そこで、異業種店舗のベンチマーキングを行い、調査を開始した。その旅行代理店では、スタッフ方から「私たちはすべての観光地を回れない、お客様からいただいたアンケートの意見欄のコメントをカード化し、ファイリングして、見られる場所

7 ベストプラクティスからアイデアを見える化できるベンチマーキング

に置いた」とのことであった。

　このショップ内で展開したことは、お客様から聞かれたこと、答えたことをメモに記載し、お客様からいただいた情報を活かすことを考えた。結果として、お客様の問合せに即対応ができるようになった。効果として、「お客様からより多くお話ができる雰囲気」、「共有化を図りスタッフ全員の知識の取得」、「対応マニュアルからの脱却」を実現することができ、臨機応変な応対ができるようになった。

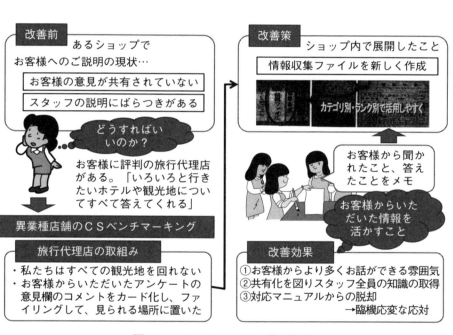

図8.7　ベンチマーキングの事例

コラム8 レンズで小さなもの、遠くのものが見える

ものを見るには、焦点がポイント
人の眼は、水晶体が調節して
近いものから遠くのものまで見ることができる

    眼が見えにくくなれば、メガネをかける
    するとよく見えるようになる
    近眼用メガネ、老眼用メガネ…
    いろいろなメガネがある

もっと小さいものを見るのは、顕微鏡がある
遠くのものを見るのは双眼鏡がある
もっと遠い、星を見るには望遠鏡がある

    これらのものは、見るための道具である
    目的に合わせて、これらの道具を用意すると
    いろいろなものが見えてくる

仕事も一緒である
目的に合わせて
よく見える道具をもってくると
いろいろなものが見えてくる

    本書の7つの見える化技術
    これがそれにあたる

参考文献

1) 今里健一郎：『Excelで手軽にできるアンケート解析』、日本規格協会、2008
2) 今里健一郎・佐野智子：『図解　すぐに使える統計的手法』、日科技連出版社、2012
3) 今里健一郎・佐野智子：『図解で学ぶ品質管理』、日科技連出版社、2013

索　引

【英数字】

4M	106, 109, 123
5ゲン主義	107, 108
BPR	36
DOA	30
FMEA	11, 138
FTA	11, 87
PDPC法	8
QFD	11
SD法	9, 19, 143
VE	11, 136

【あ行】

アイデアの見える化技術	21
アナロジー発想法	10, 161, 168
アロー・ダイアグラム	11, 39
アンケート	9, 142
一元配置実験	121
因子	123, 124
エラープルーフ化	80, 88
オーバーラッピング	38

【か行】

回帰式	66
回帰直線	66
回帰分析	7
拡散型思考	160
企画品質	134
強制発想法	160
業務フロー図	27
業務プロセス	24
——の見える化技術	21
寄与率	69, 73
グラフ	6, 112
——化	142
クリティカル・パス	39, 40
クロス集計	9, 142, 148
現状の把握	92, 94
交互作用	128
工程FMEA	80, 82, 83
工程の集合	36
工程の同時進行	37
工程分析シート	29

【さ行】

最早結合点日程	40
最遅結合点日程	40
最適水準	131
最適設計の見える化技術	21
魚の目	16
三現主義	107, 108

索　引

三種の神器	12
散布図	7, 44, 56, 112, 116
時系列グラフ	44
事実による管理	96
市場の見える化技術	21
実験計画法	7, 20, 120
重回帰式	74
重回帰分析	7, 45, 72, 142, 152
重決定	154
重相関	73
収束型思考	160
重点指向	99
自由度調整済寄与率	74
主要因	44, 51
──の検証	112
焦点法	10, 161, 166
ジョハリの窓	162
親和図法	8
水準	124
スネークプロット	146
正の相関	56
セカンダリーデータ	19
設計品質	134
相関	5
相関関係	44, 52, 55
相関係数	55, 62, 64, 150
相関の有無の判定	64
相関分析	7, 142
層別	5, 59, 98
層別グラフ	44, 94
層別散布図	52

【た行】

単純ミス	89
直交配列表	125, 126
──実験	121
データマイニング	10, 161, 170
手順不履行ミス	89
同期化	38
特性要因図	6, 109, 111, 123
──のルーツ	110
鳥の目	16
トリプルパワー	12

【な行】

ニーズの見える化技術	21
二元配置実験	121
二元表	134

【は行】

発想チェックリスト法技術	9, 161, 164
ばらつき	5
パレート図	6, 95, 100, 112
ヒストグラム	6, 101, 113
サンプル数	144
標準偏回帰係数	156
標準偏差	102, 104, 105
品質機能展開	132

品質特性	134	補正	154
プーリング	130	【ま行】	
負の相関	57	マトリックス図法	8
プライマリーデータ	19	慢性不良の見える化技術	21
ブレーンストーミング	161, 162	見える化	2
──の4原則	163	虫の目	16
プロセス	106	【や行】	
プロセス改善	10, 24, 32	要因の解析	92, 106
プロセスマッピング	26	要求品質	134
分割法実験	121	【ら行】	
分散	105	乱塊法実験	121
分散分析表	129	リスク	78
平均値	102, 104	──の見える化技術	21
平方和	105	──分析	81
並列化	34	リスクマトリックス	80, 84
ベストプラクティス	172	レーダーチャート	146
ベンチマーキング	10, 161, 172	連関図	44, 46
ポートフォリオ分析	9, 45, 142, 156	──法	8

著者紹介

今里　健一郎（いまざと　けんいちろう）

【略歴】

1972年3月　福井大学工学部電気工学科卒業

1972年4月　関西電力株式会社入社、同社北支店電路課副長、同社市場開発部課長、同社ＴＱＭ推進グループ課長、能力開発センター主席講師を経て2003年に退職

2003年7月　ケイ・イマジン設立

2006年9月　関西大学工学部講師、近畿大学講師

2011年9月　神戸大学講師、流通科学大学講師

現在　ケイ・イマジン代表、一般財団法人日本科学技術連盟嘱託、一般財団法人日本規格協会技術アドバイザー

【主な著書】

『Excelでここまでできる統計解析』、日本規格協会、2007（共著）

『Excelで手軽にできるアンケート解析』、日本規格協会、2008

『Excelでここまでできる実験計画法』、日本規格協会、2011（共著）

『Excelでいつでもできる QC七つ道具と新QC七つ道具』日本規格協会、2016（共著）

『改善を見える化する技術』、日科技連出版社、2007（共著）

『図解　入門ビジネス　ＱＣ七つ道具がよ〜くわかる本』、秀和システム、2009

『図解　新ＱＣ七つ道具の使い方がよ〜くわかる本』、秀和システム、2012

『図解　すぐに使える統計的手法』、日科技連出版社、2012（共著）

『図解で学ぶ品質管理』、日科技連出版社、2013（共著）

『新ＱＣ七つ道具活用術』、日科技連出版社、2015（共著）

目標を達成する7つの見える化技術

2016年8月19日　第1刷発行

著　者　今里　健一郎

発行人　田中　健

発行所　株式会社日科技連出版社
〒151-0051　東京都渋谷区千駄ヶ谷5−15−5
DSビル
電　話　出版　03−5379−1244
　　　　営業　03−5379−1238

検印省略

Printed in Japan

印刷・製本　㈱金精社

ⓒ *Kenichirou Imazato* 2016
ISBN 978-4-8171-9589-0
URL http://www.juse-co.jp/

本書の全部または一部を無断で複写複製(コピー)することは、著作権法上での例外を除き、禁じられています。

品質管理の教科書！

改善を見える化する技術
―改善4ステップと改善の全社展開推進事例
　　　今里　健一郎、高木　美作恵著

生き活き改善活動あれこれ27か条
―13の実践ワークシートと8つのExcel解析
　　　今里　健一郎、佐野　智子著

図解　すぐに使える統計的手法
―ある日の出来事とExcelの活用
　　　今里　健一郎、佐野　智子著

図解で学ぶ品質管理
　　　今里　健一郎、佐野　智子著

ビッグデータ時代のテーマ解決法　ピレネー・ストーリー
　　　野口　博司編著、磯貝　恭史、今里　健一郎、
　　　持田　信治著

新QC七つ道具活用術
―こんな使い方もある新QC七つ道具
　　　西日本N7研究会編、今里　健一郎編著

好評発売中！

日科技連出版社ホームページ
http://www.juse-p.co.jp/